HISTOIRE ÉLÉMENTAIRE

DES

MINÉRAUX

USUELS

PAR

JEAN REYNAUD

Terra nos nascentes excipit,
natos alit, semelque editos sus-
tinet semper, inter criminâ in-
grati animi quod naturam ejus
ignoramus.   PLINE.

OUVRAGE ILLUSTRÉ
DE 5 PLANCHES DE MINÉRAUX USUELS

PARIS

LIBRAIRIE HACHETTE ET Cⁱᵉ

79, BOULEVARD SAINT-GERMAIN, 79

BIBLIOTHÈQUE
DES MERVEILLES

PUBLIÉE SOUS LA DIRECTION

DE M. ÉDOUARD CHARTON

HISTOIRE ÉLÉMENTAIRE

DES MINÉRAUX USUELS

3362. — PARIS, IMPRIMERIE A. LAHURE

Rue de Fleurus, 9

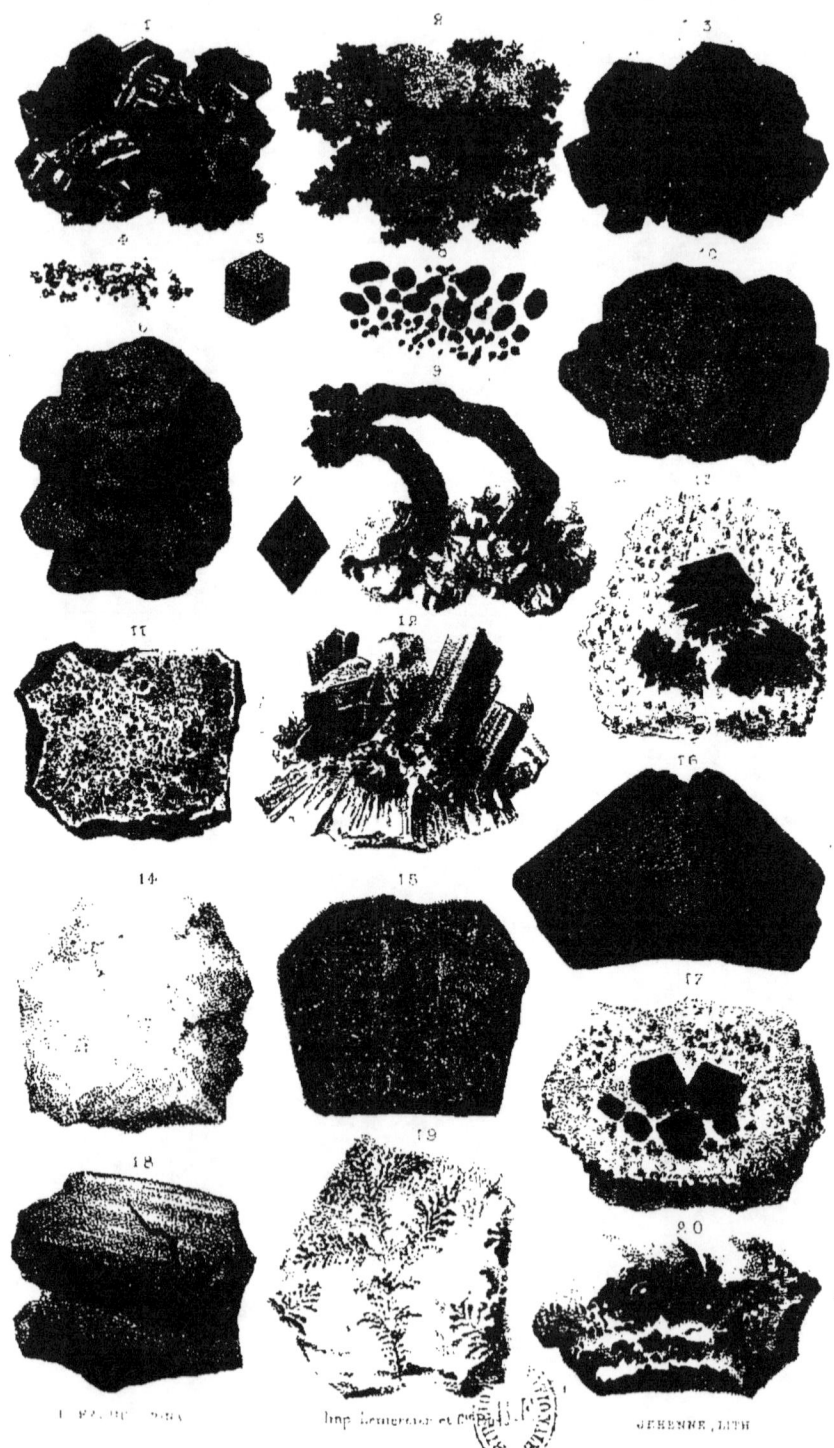

Imp. Lemercier et Cie Paris JEHENNE, LITH

MÉTAUX

1. Fer oligiste.
2. Cuivre natif en plaque.
3. Plomb sulfuré en galène.
4. Or en poudre.
5. Or natif.
6. Or en pépite.
7. Argent natif.
8. Argent en pépite.
9. Argent filiforme.
10. Platine en pépite.
11. Nikel.
12. Étain oxydé.
13. Zinc sulfuré.
14. Cobalt en couches.
15. Bismuth natif avec jaspe rouge.
16. Antimoine.
17. Arsenic sulfuré.
18. Chrome.
19. Manganese.
20. Mercure.

BIBLIOTHÈQUE DES MERVEILLES

HISTOIRE ELEMENTAIRE

DES

MINÉRAUX

USUELS

PAR

JEAN REYNAUD

Terra nos nascentes excipit
natos alit, semelque editos sus-
tinet semper, inter crimina in-
grati animi quod naturam ejus
ignoramus.   PLINE.

SIXIÈME ÉDITION

ILLUSTRÉE
DE DEUX PLANCHES EN COULEUR ET D'UNE PLANCHE EN NOIR

PARIS

LIBRAIRIE HACHETTE ET Cⁱᵉ

79, BOULEVARD SAINT-GERMAIN, 79

1881

AVANT-PROPOS

———

L'auteur de ce petit volume , accidentellement soumis à un loisir forcé de quelques semaines, a cru employer ce temps d'une manière utile au public, en le consacrant à écrire cette courte histoire des minéraux usuels. Le but de cet ouvrage est en effet de vulgariser non point les lois physiques des minéraux, mais les ressources principales que la masse du globe offre à l'industrie humaine. C'est pour y parvenir aussi simplement que possible, et éviter à ses lecteurs les ennuis de la nomenclature scientifique, que l'auteur a résolu de s'en tenir tout

uniment à la classification populaire. De là, tous
les minéraux dont il avait à traiter se sont trouvés
répartis en cinq grandes classes : les Pierres, les
Terres, les Combustibles, les Minerais métalliques,
les Eaux; et chacune de ces classes, autant que
possible, dans l'ordre de l'importance particulière. Cette classification, si peu recherchée, parait
satisfaire à tous les besoins de la pratique; et
d'ailleurs, il est évident qu'on ne la rencontrerait
pas dans toutes les langues, si elle ne portait en
elle-même quelque convenance profonde.

Sur tous les autres points, l'intention de l'auteur a été pareillement de diminuer les aspérités
de la science et de mettre son sujet à la portée des
esprits les moins versés dans l'intelligence de la
chimie, en un mot, de tout le monde. L'industrie
est entrée désormais si avant dans les habitudes
de la société, qu'il n'est pour ainsi dire personne
qui n'ait besoin d'en connaître, au moins d'une
manière générale, les éléments fondamentaux; et,
lors même qu'il n'y aurait aucun profit matériel à
tirer de cette connaissance, c'en serait un assez

digne d'envie pour toute âme sérieuse, que de con-
templer de plus près en quelle admirable source
de biens de toute espèce la Terre se transforme
sous l'influence du génie de l'homme.

LES

MINÉRAUX USUELS

INTRODUCTION

DE L'ÉTUDE DES MINÉRAUX

Il y a deux manières d'étudier l'histoire naturelle ;
l'une, à proprement parler scientifique, l'autre que l'on
peut nommer sociale. La première a pour but de découvrir ce que les choses de la nature sont en elles-mêmes,
quels sont leurs propriétés essentielles, leurs lois,
leurs rapports réciproques ; par conséquent, elle est
astreinte à les embrasser dans leur totalité, sans prédi-
lection pour celles qui importent le plus au service de
l'homme, comme sans négligence de celles qui y sont le
plus complétement étrangères ; c'est celle-ci qui réclame
les classifications universelles et philosophiquement
assises. La seconde manière ouvre des horizons moins
vastes, mais sur lesquels l'œil ne trouve pas moins de

1

satisfaction à se promener. Laissant de côté les objets
dont l'homme n'a que faire, elle ne s'adresse qu'à ceux
qui se lient à nous par des relations habituelles, et ne
les considère qu'au point de vue de l'usage que nous
avons coutume d'en faire. Comme la précédente cherche
à tirer de la nature les clefs du monde absolu, celle-ci
ne lui demande que celles du monde de l'industrie. On
ne peut nier sans doute que la supériorité n'appartienne
à la première, c'est même elle qui soutient entièrement
la seconde, puisque c'est d'elle que dérivent les faits
généraux dont l'homme apprend postérieurement à
tourner la connaissance à son profit. Mais il faut avouer
que, s'il y a plus de grandeur dans l'une, en revanche
il règne plus de charme dans l'autre ; les formes n'y sont
pas aussi austères, on n'y perd jamais l'homme de vue
et chaque sujet y ramène infailliblement l'esprit vers
quelque bien ou quelque souffrance de notre espèce,
toujours vers quelque invention ingénieuse. Il n'y a donc
pas à s'étonner que cette manière d'étudier l'histoire naturelle ait depuis longtemps obtenu, près du commun
des hommes, la préférence sur la manière scientifique,
car elle convient à tout le monde, tandis que l'autre ne
saurait être le domaine que des savants spéciaux. C'est
une préférence légitime, qui se fonde à la fois sur un
goût juste et sur un sentiment d'utilité, et il me semble
plus à propos de l'encourager que de chercher à la vio-
lenter comme injurieuse à l'esprit de la science. Autant,
en effet, il serait déraisonnable de prétendre qu'une
bonne éducation doit conduire à tout savoir, autant il
est sagement mesuré de viser à ce qu'une telle éducation
ne laisse subsister que le moins d'ignorance possible
dans le cercle de nos relations habituelles, et nous fasse

communiquer familièrement par l'intelligence avec tout
ce qui nous touche. C'est à peu près ainsi que Buffon
avait entendu l'histoire naturelle. Les animaux s'étaient
rangés devant ce grand esprit dans l'ordre de leurs
alliances avec nous : d'abord ceux que nous avons réduits en domesticité et qui sont en quelque sorte nos
journaliers : ensuite ceux qui vivent dans nos alentours
sans obéir à nos lois, voisins, mais indépendants; enfin
ceux qui appartiennent aux contrées lointaines, et qui,
s'ils n'alimentent point quelque branche de commerce,
ne sont guère pour nous que des curiosités. Ainsi, tandis
que la zoologie proprement dite porte indistinctement
son attention sur tous les êtres, relevant avec la même
sollicitude l'organisation du dernier des vermisseaux et
celle du bœuf ou du cheval, ces anciens compagnons de
l'homme, l'illustre historien, déterminant son classe-
ment sur un principe tout humain, ne craignait pas de
laisser dans l'ombre tous les êtres que l'homme dédai-
gne pour mieux mettre en lumière tous ceux qu'il estime. Cette méthode, qui a été si profitable pour popu-
lariser la connaissance des animaux, me semble, s'il est
possible, plus précieuse encore à l'égard des minéraux.
En effet, tandis qu'il n'est aucun animal, si éloigné de
nous qu'on le veuille choisir, qui n'ait par lui-même,
indépendamment de tout rapport à nos usages, un certain genre d'intérêt, sur cela seul, qu'étant vivant, il
nous offre des passions, des instincts, des ressemblances
ou des différences plus ou moins prononcées comparativement à ce que nous apercevons tous les jours; les minéraux, relégués dans la nature morte, ne nous touchent
pour ainsi dire en rien dès qu'ils ne nous donnent pas
quelque profit. Aussi voit-on que la minéralogie est une

des sciences les moins attrayantes et les plus communément ignorées. Qu'importe à la plupart des hommes de
savoir les noms de toutes les pierres, puisque tant qu'ils
ne voient rien de particulier à en faire, toutes ces substances, quelle que soit leur composition, n'en demeurent
pas moins pour eux tout uniment des pierres? L'étude
des diverses combinaisons des éléments de la masse du
globe, des formes cristallines de ces produits, de leurs
variations, de leurs gisements, de leurs familles naturelles, de leurs associations géologiques, ne sera donc
jamais le lot que de quelques observateurs d'élite; et,
malgré son importance philosophique, la science d'Haüy
n'aura jamais qualité pour pénétrer, comme celle de
Buffon, dans le domaine vulgaire.

Peut-être même doit-on attribuer à la sévérité de cette
science supérieure une partie de la défaveur dont les
minéraux semblent frappés. Il faut convenir, en effet,
que la connaissance de ceux même qui nous sont le plus
utiles est extrêmement peu répandue; et l'on peut croire
qu'elle se serait propagée davantage, si quelque fâcheux
reflet de la minéralogie scientifique n'avait détourné le
public de cette étude en la couvrant d'un faux semblant
d'aridité. Quelle qu'en soit la cause, cette indifférence
mérite qu'on la déplore. Le règne minéral, loin d'être
moins digne de l'attention de tout le monde que le règne
animal, en est, au contraire, si l'on considère bien les
choses, plus digne encore. C'est de la terre même que
nous vivons et nous y avons nos racines aussi bien que
les plantes, puisque c'est justement par l'intermédiaire
de ces plantes que nous tirons du sol nos aliments.
Même pour les animaux que nous entretenons, nous ne
pouvons nous rendre un compte exact de leur gouverne-

ment qu'en remontant aux végétaux dont nous les nour-
rissons; et de ces végétaux, comme de ceux qui nous
servent directement à tant de fins différentes, nous
sommes logiquement conduits à l'étude des terrains
dans lesquels ils se développent. Ainsi, jusque dans l'industrie agricole, nous sommes obligés de venir chercher
dans la minéralogie les principes fondamentaux de nos
opérations. Nos liens avec le règne minéral, déjà si sen-
sibles de ce côté, deviennent bien autrement frappants
quand on jette les yeux sur l'industrie manufacturière.
Là, tout sort de terre sans détour, et la masse du globe
jette continuellement à nos ateliers, par des chemins vi-
sibles, les diverses matières qu'il leur faut. Le détail de
ce service est infini; les pierres avec lesquelles nous
préparons notre pain, celles avec lesquelles nous con-
struisons nos maisons, celles qui forment la base des
chefs-d'œuvre de l'architecture et de la statuaire, celles
qui brillent dans les ameublements et les parures, celles
si utiles desquelles nous extrayons le fer, le cuivre et
presque tous les métaux, jusqu'à ce combustible souterrain qui anime si valeureusement nos machines, se
substitue à nos bras, et nous assure définitivement l'empire de la nature; tous ces éléments sont du domaine de
la minéralogie, et ils ont cependant qualité pour inté-
resser tout le monde. Il est donc juste de regarder comme
une condition de toute éducation achevée, d'être au courant de l'histoire de ces minéraux, de savoir dans quelle
situation ils se rencontrent, comment on les exploite,
par quelles séries de travaux on les amène à l'état qui
convient à nos usages. Il ne serait pas sensé de se montrer indifférent à leur connaissance quand on reçoit
d'eux, à chaque instant de la vie, tant de bienfaits. « La

terre, dit Pline, nous prend à l'heure où nous naissons,
nous alimente quand nous sommes nés, nous soutient
sans relâche; c'est le fait d'une âme ingrate de ne point
se soucier de connaître la nature. »

L'histoire des minéraux dans leurs rapports avec nous
n'est pas seulement plus importante que celle des animaux; j'ose dire qu'elle présente plus d'intérêt, même
pour la curiosité. En effet, tandis que chez les animaux
on ne voit que la brute, ici c'est toujours l'homme lui-
même qui est en scène. L'histoire du minéral ne subsiste
en quelque sorte que par ce manipulateur, qui s'y montre
partout dans un admirable jour. Les métamorphoses dont
le merveilleux nous cause tant d'étonnement chez les
insectes, se reproduisent chez les minéraux, plus extraordinaires encore, et non plus par des actions mys-
térieuses de la nature, mais à découvert et par les actions
de l'homme. L'ouvrier ramasse sur le rivage un peu de
sable, et il en fait un brillant et limpide cristal auquel il
donne toutes les formes qui lui plaisent : il y combine,
s'il veut, quelques grains de poussière, et ce cristal, se
parant à l'instant des plus riches couleurs, rivalise avec
ce que nous apercevons de plus splendide dans la création. Ailleurs, il relève quelques pierres, et voilà qu'en
les brûlant, il en tire du soufre; et sur l'heure, à ses
ordres, ce soufre se met en un liquide violent, énergique, plein de qualités diverses, et qui lui permettent
une multitude d'opérations dont on ne saurait assez admirer qu'on se soit seulement avisé. Que dirai-je du fer,
que tant de peuplades ignorantes implorent de nous
comme un des miracles de notre terre, et dont, à leur
insu, elles broient elles-mêmes sous leurs pieds, comme
d'inutiles cailloux, la grossière matrice? Ce fer est un

miracle, en effet, mais un miracle tout à nous. Indépendamment du fait même de ces métamorphoses sin-
gulières, quelles magnificences n'y a-t-il pas dans le
spectacle qui les accompagne! Des légions de travailleurs, aidés de toutes les ressources que présentent les
animaux, les machines, le vent, le feu, les torrents, s'ap-
pliquant, dans un infatigable combat, à vaincre la résistance des masses inertes qui appartiennent à l'empire
de la planète et à les soumettre à de nouvelles lois; ici,
dans d'immenses ateliers où flamboient de tous côtés les
fournaises, où ruissellent les métaux, où se lèvent et retombent avec un épouvantable fracas des marteaux et
des instruments que n'auraient seulement pas fait bou-
ger les Cyclopes; ailleurs, dans les entrailles mêmes de
la terre, que les mineurs attaquent nuit et jour par le
fer, par l'incendie, par la poudre, prodigieuses cavernes
dont l'architecture savante s'approfondit incessamment
et livre à la lumière de la lampe les mystères du monde
souterrain qui paraissaient si bien ensevelis. Je ne crains
pas d'assurer que l'histoire de la nature trouverait dans
de telles descriptions, dont les minéraux forment cependant tout le sujet, des traits aussi dignes de l'éloquence
de la plume et aussi capables de captiver les lecteurs
que tout ce que peut offrir de plus excellent à cet égard
l'étude des animaux.

Ce n'est point à une entreprise si haute que nous
avons visé ici. Nous nous sommes seulement proposé
de rassembler dans le langage le plus précis et le plus
simple les notions les plus élémentaires sur les minéraux dont on fait communément usage. Cette courte
histoire nous a paru devoir suffire pour donner connais·
sance des choses avec lesquelles il est le plus important

de se familiariser dans cette branche de la science ; et
son but sera pleinement atteint, si les personnes étrangères à la minéralogie qui auront bien voulu lire ces no-
tices reconnaissent qu'elles en ont tiré quelque fruit, et
que ce résultat n'a point été payé par elles par trop de
peine et d'ennui.

CHAPITRE PREMIER

LES PIERRES

DE LA PIERRE EN GÉNÉRAL

On donne dans l'usage commun le nom de *pierre* à toutes les substances minérales qui sont solides, incombustibles, insolubles dans l'eau, non malléables. La minéralogie s'occupe particulièrement de l'étude de celles de ces substances dont la composition est homogène, c'est-à-dire dont toutes les particules sont exactement semblables : elles constituent ce que l'on nomme les minéraux simples. Dans leur état de pureté, ces minéraux jouissent de la propriété d'affecter certaines formes cristallines, dérivant de la nature de leur composition chimique, qui permettent de les définir d'une manière précise et de les placer par groupes analogues. Mais la plupart de ces propriétés, si utiles pour la science, le sont fort peu pour les besoins habituels de l'homme, et il en résulte que l'influence des classifications minéralo-

giques ne se fait presque aucunement sentir dans les applications de l'industrie. Il faut dire aussi que les minéraux cristallisés, base principale de la minéralogie,
sont tellement rares, qu'ils méritent bien plutôt d'être
considérés par la société comme des curiosités que
comme des matières vraiment nécessaires à son service;
la plupart des pierres dont l'homme fait usage sont, soit
des minéraux composés, soit des minéraux amorphes,
qui, aux yeux de cette science, ne sont que d'un ordre
secondaire. Les principales propriétés que l'on recherche
en elles, et qui forment, par conséquent, le point sur
lequel on fonde leurs principales différences, sont en général les divers degrés de solidité ou de dureté, en vertu
desquels elles s'adaptent aux divers emplois qu'on leur
destine. Quelques autres propriétés purement chimiques, telles que celles qui appartiennent aux pierres à
plâtre ou à chaux, offrent des caractères qui ne sont pas
moins importants. Dans tous ces cas, la définition commune de la pierre, telle que nous l'avons donnée plus
haut, est suffisante.

Il n'y a rien, sur le globe que nous habitons, de plus
abondant que la pierre; elle constitue à elle seule toute
l'écorce solide qui le recouvre, et c'est elle qui lui
donne cette consistance si utile à l'établissement du
genre humain. Dans la plus grande partie de l'étendue
qu'elle occupe, elle est cachée, soit par les eaux de
l'Océan, soit par la terre végétale; mais si l'on sonde
l'Océan, si l'on perce la terre végétale, on la retrouve.
Elle ne se montre d'elle-même au jour qu'en quelques
endroits isolés où elle perce la couverture placée sur
elle; c'est ainsi qu'on la voit paraître dans les rochers
disséminés sur la mer et dans les escarpements des mon-

tagnes : partout ailleurs elle est souterraine. Aussi pro-
fond que l'on soit descendu dans le sein du globe, on a
trouvé que sa masse était formée de pierre : son intérieur est-il un noyau liquide, ou bien est-il aussi de
pierre ? On l'ignore. Quel qu'il soit, l'écorce pierreuse
qui l'enveloppe aurait une épaisseur au moins égale à la
saillie des plus hautes montagnes : cela donne l'idée de
la masse de pierre que l'homme possède.

Il est vrai qu'il est loin de jouir de la libre disposition
de toutes les parties de cette énorme masse. Il est vrai
aussi que toutes les variétés de pierres qui s'y rencontrent ne sont pas susceptibles de recevoir un emploi
utile ; mais, comme nous le disions tout à l'heure, les
portions même les plus éloignées, et en apparence les
plus indifférentes, sont utiles à l'homme, en concourant
aussi bien que les autres à la formation de cette épaisse
et admirable voûte, qui le garantit contre le mouvement
des révolutions intérieures du globe, et sur l'extérieur
de laquelle il fixe ses habitations, et produit en toute
sûreté les richesses qu'il consomme et les monuments
qu'il destine à sa postérité.

Néanmoins, cet immense service rendu par la pierre
au genre humain est d'une nature si ancienne, si uni-
formément constante, si commune, que l'on y fait à
peine attention. Le bienfait est bien plus senti lorsqu'il
faut le solliciter que lorsqu'il se donne à nous de lui-
même, et pour ainsi dire sans aucun signe qui nous
avertisse de sa présence. Aussi les biens qui se manifestent à nous avec le plus d'évidence dans ce vaste domaine
souterrain, sont ceux que nous y allons puiser à grand
effort pour les appliquer à nos usages particuliers. Les
carrières sont pour l'homme des sources de richesse,

non moins essentielles et non moins productives que les
sillons de ses campagnes. Que de secours n'y rencontre-
t-il pas ! Les pierres à l'aide desquelles il construit les
monuments les plus durables des beaux-arts, et trans-
met à travers les âges une partie de sa vie jusqu'aux générations les plus lointaines ; les pierres non moins utiles
avec lesquelles il élève ses villes, emprisonne les fleuves
dans leurs digues, pave ses grandes routes ; celles dont
il se sert pour moudre ses grains, pour se procurer les
bienfaisantes étincelles qui lui donnent la flamme, pour
polir, tailler, aiguiser les nombreux ustensiles qui forment son attirail industriel ; enfin ces somptueuses substances qui portent tant d'éclat dans ses habitations, les
porphyres, les marbres, les granites ; celles, plus étin-
celantes et plus précieuses encore, qui servent à la fabrication de ses opulentes parures et de ses ornements
les plus augustes et les plus sacrés, les diamants, les
rubis, les saphirs, les topazes, et toutes ces gemmes
éblouissantes, que l'on dirait plutôt tombées des régions
lumineuses du ciel que tirées des entrailles obscures de
la terre : tout cela est pierre, et tout cela est digne, non-
seulement d'être possédé, mais aussi d'être connu.

DE LA COMPOSITION DES PIERRES

La composition des pierres est très-variée ; néanmoins
elles ont toutes, sous le rapport de leur composition, un
caractère commun qui est de renfermer une proportion

considérable de gaz oxygène. Ce gaz, qui est le même
que celui de l'atmospère où il sert à l'entretien de la
combustion et de la respiration, peut être dégagé du
sein des pierres par les procédés de la chimie, et alors
les pierres, privées de cet élément volatil qu'elles avaient
fixé en combinant leurs autres éléments avec lui, changent entièrement de nature : d'incombustibles qu'elles
étaient, elles deviennent tout au contraire combustibles ;
ce ne sont plus des pierres à proprement parler, ce sont
des amalgames de divers métaux particuliers que l'on
peut de nouveau transformer en pierres en les mariant
avec de l'oxygène. Cette présence si remarquable du gaz
oxygène dans toutes les parties de la croûte pierreuse
du globe, jointe à plusieurs autres circonstances, a fait
penser à quelques savants que cette croûte était originairement composée, aussi bien que la masse entière
de la planète, de substances métalliques simples et non
oxygénées, et qu'une combustion, produite par le contact de ces corps avec l'atmosphère, y avait plus tard
amené le gaz oxygène qui s'y rencontre. Les traces d'un
ancien état de fusion, qui se manifestent dans un grand
nombre de localités lorsqu'on y étudie attentivement
certaines pierres, ont été invoquées pour corroborer
cette idée, qui, à défaut d'autre mérite, a du moins celui
de caractériser bien nettement un des points les plus
fondamentaux de la composition des pierres.

Sans entrer ici dans le dédale de la classification chimique des minéraux, ce qui serait nous éloigner complétement du but que nous nous sommes proposé, nous
indiquerons cependant d'une manière générale la composition des pierres que nous avons l'intention de considérer. On peut les partager en plusieurs catégories.

Le groupe dont la composition est la plus simple, est celui des pierres siliceuses. Elles sont formées par la combinaison d'un métal simple nommé silicium, avec l'oxygène. Elles renferment en poids 47 parties de silicium et 53 d'oxygène, ou, en tenant compte de la différence de poids des atomes élémentaires de ces substances, un atome de silicium et deux d'oxygène. Ces pierres sont fort abondamment répandues à la surface du globe, et, malgré la similitude de leur composition, elles offrent une grande diversité d'aspects, et servent à une foule d'usages différents. Le cristal de roche, les agates, les pierres à feu, les grès, tous les minéraux connus sous le nom de quartz ou de pierres quartzeuses, ne sont autre chose que cette combinainon du silicium avec l'oxygène, appelée encore plus simplement silice.

La silice joue aussi un rôle principal dans un second groupe fort important, celui des pierres silicatées ou silicates. Dans ces pierres elle n'est pas seule; elle se trouve combinée avec d'autres métaux, combinés eux-mêmes de leur côté avec l'oxygène, ou, autrement dit, oxydés. Le plus grand nombre des minéraux étudiés et définis par les minéralogistes sont des silicates, différant les uns des autres par la nature de leurs éléments secondaires.

De tous ces silicates, celui qui est le plus commun, le plus fréquemment placé sous la main de l'homme dans ses diverses constructions, et qui, par conséquent, mérite le plus d'attirer ici notre attention, est celui que l'on a désigné sous le nom de feldspath. Il est formé par une combinaison de silice avec de la potasse, ou de la soude, et de l'alumine; ces dernières substances sont

aussi des métaux oxydés. Il contient en poids, 52 parties
de silicium, 15 de potassium ou de sodium, 10 d'alumi-
nium, et 48 d'oxygène ; ou une molécule de potasse, une
molécule d'alumine, et six molécules de silice. Le feldspath est très-dur, il l'est cependant moins que le quartz.
Il se présente fréquemment sous la forme de lames cristallines, miroitantes, de diverses nuances. Il est rarement seul ; presque toujours il est associé avec du quartz
et d'autres silicates, et constitue alors, par suite de ce
mélange, diverses pierres composées, dans lesquelles il
occupe ordinairement le premier rang. C'est ainsi qu'on
le rencontre dans les granites, dans les porphyres, dans
les laves des volcans, dans la plus grande partie des
roches cristallines provenant des phénomènes dus à
l'action du feu sur notre planète.

Le mica est aussi un silicate qu'il est nécessaire de
connaître. Il est très-commun, puisqu'il se trouve dans
tous les granites comme le feldspath, dans certaines
laves et dans plusieurs autres pierres. Il est formé par
une combinaison de silice avec de l'alumine, de l'oxyde
de fer, et quelques autres oxydes : sa composition est
assez compliquée, et il y en a diverses variétés. L'amphibole est un autre silicate qui, en diverses circonstances, prend la place du mica dans les pierres où celui-ci se trouve ordinairement ; il en diffère fortement
par son aspect, qui est beaucoup moins brillant et beaucoup moins lamelleux ; il présente comme lui plusieurs
variétés, et se compose en général de silice, d'oxyde de
fer et de chaux, qui est de l'oxyde de calcium.

L'argile est un silicate extrêmement important, tant
par ses usages que par le rang qu'il occupe dans la nature. Dans son plus grand état de pureté, il ne contient

que de la silice et de l'alumine; c'est donc un silicate
d'alumine. Mais il n'est pas rare de le trouver mélangé,
soit d'un peu de chaux, soit d'un peu d'oxyde de fer. La
composition des argiles est extrêmement variable à
l'égard des proportions de leurs deux éléments essentiels, la silice et l'alumine : elles renferment de 50 à 70
de silice, et de 50 à 30 d'alumine; sous le rapport des
molécules, ce ne sont pas des associations régulières.
Quelques raisons géologiques portent à faire croire que
les argiles proviennent de la décomposition de divers
autres silicates, et notamment du feldspath, dans lesquels les éléments, autres que la silice et l'alumine,
ont disparu; c'est ainsi que l'on trouve des masses de
feldspath qui sont en train de se changer en argile. Les
eaux courantes qui entraînent les argiles, à cause de
leur légèreté, à mesure qu'elles se forment, en ont ac-
cumulé des dépôts considérables en plusieurs lieux de
la terre.

A la suite des silicates, nous dirons un mot des carbonates. Ce sont les pierres qui renferment du charbon uni
à de l'oxygène, et combiné avec divers oxydes métalliques. Il y en a de diverses sortes, mais un seul mérite de
fixer ici notre attention ; c'est la pierre calcaire ou le carbonate de chaux. Elle est composée de 12 parties de
charbon, de 40 de calcium (ou radical de la chaux), et
de 48 d'oxygène; atomiquement, elle est formée par le
groupement d'une molécule d'acide carbonique avec une
molécule de chaux. Il n'y a pas de pierre qui soit plus
abondamment répandue dans tous les pays, et malheu-
reux ceux qui en sont dépourvus, car c'est une privation
difficile à supporter. C'est elle qui fournit la chaux, les
marbres et les meilleurs matériaux de construction. Les

autres carbonates sont beaucoup moins importants. Le carbonate de magnésie a une composition atomique analogue à celui de chaux ; il y a une pierre formée par la combinaison d'une molécule de carbonate de chaux et d'une molécule de carbonate de magnésie, qui est connue des géologues sous le nom de dolomie, et qui jouit d'une certaine valeur scientifique ; il existe aussi des carbonates d'oxydes de fer, de cuivre, de plomb et de quelques autres métaux.

Les sulfates sont des pierres qui, sous le rapport chimique, offrent de l'analogie avec les carbonates : le soufre y prend la place du charbon. De même qu'au sujet des carbonates, nous ne parlerons ici que du sulfate de chaux. Ce sulfate constitue le gypse ou la pierre à plâtre. Il est composé d'une molécule d'acide sulfurique unie à une molécule de chaux et à deux molécules d'eau, ou en poids de 18 de soufre, de 24 de calcium, de 3 d'hydrogène et de 55 d'oxygène : la quantité d'hydrogène unie à 24 parties d'oxygène en donne 27 d'eau. Quand on calcine cette pierre, elle laisse échapper toute l'eau qu'elle contient, et se transforme en plâtre ou sulfate de chaux anhydre. Ce sulfate de chaux privé d'eau se rencontre aussi à l'état naturel ; mais il est moins précieux que le précédent, et il est aussi moins commun. Les minéralogistes le désignent sous le nom d'anhydrite. Il existe quelques autres sulfates, tels que ceux de magnésie, de soude, de fer, etc., sur lesquels nous aurons occasion de revenir à l'article des sels, et qui se rapportent à celui dont nous venons de parler pour les généralités de leur composition.

Le silicium, le charbon ou carbone et le soufre sont donc des éléments qui caractérisent et différencient chi-

2

miquement les diverses pierres que nous allons successivement considérer.

DU GRANITE

Le granite est une pierre essentiellement composée
de cristaux de feldspath, de quartz et de mica, étroite-
ment mélangés et accolés les uns contre les autres. Quelquefois l'amphibole remplace le mica, et alors le granite
prend le nom particulier de siénite, du nom de la ville
de Siène, en Égypte, où sont de très-beaux granites de
cette espèce. Le granite est plus ou moins dur, suivant
qu'il est plus ou moins quartzeux; mais le feldspath en
étant toujours la base dominante, la dureté moyenne de
la pierre est à peu près la même que celle de ce minéral, c'est-à-dire d'un degré considérablement supérieur
à celui du marbre. De là vient la grande difficulté que
l'on éprouve à travailler et à polir le granite, mais aussi
la grande solidité des ouvrages qui en sont faits. Sa
couleur est variable, parce que le feldspath, aussi bien
que le mica, sont sujets à s'y montrer avec des teintes
fort diverses. En général, on peut dire que les nuances
tendres, comme le rouge, le fauve, l'incarnat, sont données par le feldspath; les nuances foncées, comme le
gris ou le vert, par le mica ou l'amphibole. Quand le
mica est trop abondant, la roche cesse d'être susceptible
d'un beau poli; souvent même il arrive alors qu'elle se
désagrège assez facilement. On peut donc dire que le
feldspath est le principe fondamental du granite.

Le granite est très-abondant à la surface de la terre ;
il existe des pays entiers, tels que le Limousin, la haute
Auvergne, la Bretagne, qui en sont entièrement formés.
Il n'y a guère de chaînes de montagnes un peu considérables qui n'en contiennent, au moins sur quelque point
de leur étendue ; souvent d'énormes massifs en sont exclusivement composés : c'est ce que l'on observe dans
les Alpes, dans les Vosges, dans les Pyrénées, et dans
bien d'autres lieux encore ; enfin, il est hors de doute
que d'immenses terrains de granite s'enfoncent dans le
sein de la terre par-dessous les terrains les plus récemment formés qui les recouvrent.

Mais il ne faut pas croire que tous ces granites soient
aussi bons les uns que les autres. Il n'y en a que certaines variétés qui puissent être employées avec succès ;
les autres sont trop grossières, d'un grain trop peu serré,
ou d'une couleur trop terne pour mériter les frais du
travail ; quelques-unes enfin n'ont pas la solidité convenable, elles se désagrégent par l'action de l'air et de la
gelée, et ne tardent pas à se décomposer. Ce n'est cependant pas la rareté du beau granite qui est cause de
sa valeur : on en trouve en une multitude d'endroits des
carrières qui sont inépuisables ; mais ces carrières étant
pour la plupart situées à de grandes distances des centres de civilisation, et peu accessibles, la dépense du
transport est considérable ; en outre, la matière étant
très-dure, le travail de main-d'œuvre qu'elle exige devient fort coûteux. Néanmoins, dans les pays granitiques, on voit des villes et même des villages construits,
à défaut d'autres matériaux, avec des pierres de granite.
On peut citer, entre autres, les villes de Limoges, de
Saint-Brieuc, d'Autun, de Cherbourg, etc. Mais pour

cette destination commune, au lieu de rechercher les granites les plus durs et les plus résistants, on choisit précisément ceux qui se laissent tailler le plus commodément, et l'on ne s'inquiète pas des qualités relatives à la nuance et au poli. Lorsqu'on veut faire, au contraire, du granite un objet d'art ou de décoration, on lui demande cette admirable dureté qui, le rapprochant de la classe des pierres précieuses, lui permet de prendre les surfaces les plus éclatantes, et, avec cette dureté, les nuances fines qui lui donnent l'aspect le plus riche et le plus délicat.

Si nous avons parlé du granite avant toutes les autres pierres, c'est que le granite mérite d'être considéré comme la pierre monumentale par excellence. Il n'y a pas de substance naturelle à l'aide de laquelle les hommes puissent plus sûrement communiquer, en dépit de tous les obstacles du temps, avec les générations. les plus lointaines. Le marbre se corrode quand il demeure à l'air; l'airain et les autres métaux tentent la cupidité des ravisseurs durant les conquêtes et se transforment pour servir à d'autres usages, soit qu'ils proviennent de tables gravées, de statues ou de monnaies; les pierres précieuses se brisent ou s'égarent; les tableaux se rongent ou s'obscurcissent; les manuscrits et les livres tombent en poussière : les monuments de granite, au contraire, semblent défier la main du temps, qui efface toutes choses. Rien n'est plus frappant que de voir cette vieille Égypte, témoin de tant de révolutions et de tant de guerres qui ont bouleversé le sol où ses habitants ont vécu, debout en partie encore aujourd'hui sur les rives du Nil, par les inaltérables monuments de granite sur lesquels elle a pris soin de retracer pour la postérité ses

usages, ses croyances, et sans doute aussi son histoire.
Un déluge passerait sur la terre, notre atmosphère s'em-
braserait, que l'Égypte, inattaquable par aucune de ces
catastrophes, continuerait à demeurer inscrite à la surface de la terre, tandis que nos bibliothèques, nos mu-
sées, et presque toute notre tradition, se seraient éva-
nouis dans le néant. Il y a dans la prodigieuse durée de
cette pierre un caractère de grandeur qui semble se rapprocher de celui que possèdent les choses éternelles.
Qu'y a-t-il de plus magnifique, parmi tous les produits
de la main de l'homme, que des œuvres chargées de
trois mille ans, et davantage peut-être, et qui, pour le
regard le plus attentif, semblent être nées d'hier? Ce
n'est ni sur la pierre commune, ni sur l'airain, ni même
sur le marbre, que les peuples doivent écrire leurs noms,
s'ils veulent le faire en figures ineffaçables : c'est sur le
granite, qui ne prend les empreintes que lentement et
à force de peines, mais qui les garde.

Nous avons assez parlé des granites destinés à fournir
les pierres d'appareil pour les constructions communes:
une solidité suffisante est la seule qualité qui leur soit
nécessaire ; nous terminerons seulement par quelques
détails sur les principales variétés en usage dans les
arts.

Le plus beau granite rouge est celui que l'on trouve
en Égypte, dans la partie supérieure du cours du Nil,
près de la première cataracte. On le connaît sous le nom
de granite rouge oriental : c'est le type de la véritable
siénite. Il est composé de cristaux translucides et légèrement nacrés de feldspath rose, de quartz parfaitement
diaphane, et d'aiguilles clair-semées d'amphibole vert
foncé. Quand il est bien poli, on dirait un assemblage

de pierres précieuses. C'est avec cette belle substance
qu'ont été construits les principaux monuments de
l'Égypte, un grand nombre de sphinx, de statues, de
colonnes, de sanctuaires souvent d'une seule pièce, et
descendus par le fleuve jusque dans les provinces voisines de la mer. La colonne de Pompée, les obélisques
de Louqsor, les aiguilles d'Alexandrie, et quelques autres monuments d'une célébrité historique, sont aussi de
ce granite.

Il existe en France divers gisements d'un granite rouge
analogue à celui de l'Égypte : on cite principalement
celui des Vosges. Il y en a aussi en Norwége; il y en a
en Italie; les environs de Saint-Pétersbourg en offrent
des variétés fort précieuses; tel est celui du fameux
rocher qui sert de base à la statue équestre de Pierre le
Grand, et celui qui a servi à la construction de l'église
Saint-Isaac.

Le granite noir, que l'on trouve mis en œuvre dans
quelques statues égyptiennes, est composé de particules
tellement ténues de feldspath et de mica noir ou d'amphibole, que sa nuance paraît entièrement uniforme; il
ressemble beaucoup au basalte. Les ouvrages faits avec
cette matière présentent le même effet que s'ils étaient
de bronze. Dans quelques variétés, les éléments se séparent d'une manière plus distincte, et produisent alors
une pierre tachetée par petites marques de blanc et de
noir : c'est le granite noir et blanc. Il s'en trouve aussi
de très-beaux de ce genre dans notre chaîne des Vosges.

Le granite gris est le plus abondant; il se montre à
peu près dans toutes les formations de granite. Malgré
le peu d'éclat de sa couleur, il est quelquefois d'un grain
assez délicat pour mériter le poli et servir à la confection

de petits ouvrages d'art : mais la plupart du temps il est
employé comme pierre de construction.

Nous ferons encore mention parmi les granites précieux, de certaines variétés qui présentent des nuances,
à la vérité peu décidées, de violet, de bleuâtre et de verdâtre ; de la variété nommée granite orbiculaire de Corse,
dans laquelle l'amphibole, groupé par circonférences
concentriques autour de noyaux feldspathiques, produit
un effet fort singulier, et qui n'est pas sans agrément ;
et enfin du granite graphique ou hébraïque, ainsi
nommé parce que le quartz y est disséminé par petits
cristaux groupés et brisés comme les caractères de l'al-
phabet hébraïque.

Toutes ces pierres sont fort belles ; mais comme elles
sont, à cause de leur dureté, beaucoup plus coûteuses
que le marbre, et que ce dernier rivalise souvent sans
désavantage avec elles sous le rapport de l'éclat et de la
couleur, il en résulte qu'elles sont d'un usage fort limité
dans la décoration des édifices, et que cette rareté d'emploi augmente encore leur cherté. Un chambranle de
cheminée en granite rouge d'Égypte a été payé jusqu'à
10,000 francs. A ce prix, l'obélisque de Louqsor, indépendamment de toute son importance historique, qui
est inappréciable, et simplement considéré comme une
pierre brute, serait encore un objet d'une immense
valeur.

DU PORPHYRE

Le porphyre peut être regardé comme une sorte de granite imparfait, et c'est pourquoi nous en parlons en second lieu. Il est formé par une pâte composée à peu près des mêmes éléments que le granite, mais indistinctement fondus l'un dans l'autre, et dans laquelle nagent des cristaux isolés, soit de quartz, soit de feldspath, mais principalement de cette dernière substance. La pâte est quelquefois extrêmement dure, et cela arrive toutes les fois qu'elle renferme beaucoup de quartz; mais la plupart du temps elle est presque uniquement constituée par du feldspath compacte, et alors sa dureté n'a rien d'extraordinaire, et lui permet de recevoir sans trop de difficulté un beau poli. La couleur du porphyre résulte de la combinaison de celle des cristaux disséminés, avec celle de la base, couleurs qui sont ordinairement différentes ; les cristaux sont en général blancs, et la base d'une teinte plus ou moins vive, ou plus ou moins foncée. On distingue les porphyres comme les granites d'avec les marbres, non-seulement par l'habitude de l'œil et les caractères de cristallisation dont nous avons parlé, mais parce qu'ils se laissent difficilement rayer par l'acier, et que les acides n'y mordent pas et n'y font pas tache.

Quelquefois les cristaux n'ont pas pu se terminer entièrement; ils sont à l'état de noyaux légèrement arrondis, et indiquant seulement une vague tendance à des

contours plus tranchés : dans ce cas, le porphyre prend
le nom particulier d'amygdaloïde ou de variolithe. Enfin, dans certaines circonstances, il n'y a qu'une pâte
sans cristaux.

Le porphyre étant une roche d'origine souterraine,
expulsée à diverses reprises du sein de la terre par des
commotions à travers des crevasses formées dans les
terrains supérieurs, il en résulte que l'on est exposé à
le rencontrer brusquement au milieu des couches de
terrain les plus dissemblables. On en trouve, non-seulement parmi les granites, mais dans le terrain houiller,
dans les grès, dans les roches calcaires des différents
étages.

Le porphyre se lie même, à certains égards, avec les
laves qui sont encore aujourd'hui vomies par nos volcans, et il n'est pas possible d'établir entre ces deux
classes de pierres une distinction bien précise. Les laves,
aussi bien que les basaltes, ne sont donc qu'une espèce
particulière de porphyre, souvent poreuse, souvent
presque entièrement dépourvue de cristaux, mais se rat-
tachant toujours par certains caractères au véritable
porphyre. Quelquefois les laves sont trop friables pour
être employées à aucun service, mais souvent aussi elles
ont une dureté et une consistance très-remarquables et
qui permettent de les faire servir à des ouvrages très-
résistants. On exploite sur les flancs du Vésuve diverses
variétés de laves porphyriques, qui sont d'un fort bel
aspect, et que les marbriers auraient certainement beaucoup de peine à séparer des porphyres.

On se sert des porphyres comme des granites pour la
décoration des édifices, la construction des vases et des
colonnes de prix, pour les pavés, les incrustations et

autres objets analogues ; mais on ne les trouve pas aussi
communément employés à la construction des grands
monuments : cela tient à ce qu'ils ne se laissent pas
aussi facilement tailler, et ne fournissent pas, par conséquent, d'aussi bonnes pierres d'appareil que le granite. Ils ont donc, malgré tout leur éclat, bien moins
d'importance pour le genre humain que le granite;
celui-ci restant, ils pourraient disparaître, que rien,
pour ainsi dire, sur la terre ne s'en ressentirait.

Le porphyre rouge est une des plus belles variétés de
porphyre; sa pâte est rouge ou brun rougeâtre, et parsemée de petits cristaux blancs ou légèrement rosés. Ce
porphyre a été employé par les Égyptiens concurrem-
ment avec le granite, soit pour les obélisques, soit pour
les tombeaux, soit pour les statues. L'obélisque de Sixte-
Quint à Rome, la colonne de Sainte-Sophie à Constan-
tinople, et quelques autres monuments historiques sont
de cette pierre. Le porphyre rouge se trouve non-seulement en Égypte, mais sur divers points du territoire de
la France, notamment dans les Vosges et dans le département de la Loire. Quelquefois la teinte rouge passe à
une couleur violette qui a encore plus de richesse.

Les porphyres verts forment également une pierre
magnifique lorsqu'elle est bien polie et convenablement
employée. La base du porphyre vert antique, nommé
aussi par les Grecs ophite à cause de sa ressemblance
avec la peau des serpents, est d'un vert olive foncé; elle
est parsemée de petits cristaux blanchâtres. Les Vosges,
la Corse, les Pyrénées, renferment de fort beaux gisements de cette roche. En Corse, il existe une roche verte
qui est ce que les minéralogistes nomment proprement
euphotide, mais qui est analogue au porphyre vert et

d'un éclat surprenant : le minéral nommé diallage qui
lui donne sa couleur est d'un vert pré parfaitement pur ;
il est disséminé par taches irrégulières dans une pâte
de feldspath entremêlée de veines bleuâtres : cette pierre
est fort dure, fort difficile à tailler, et fort précieuse,
mais rien n'égale sa ·beauté. Elle est peu connue en
France, mais fort estimée des marbriers italiens, sous
le nom de *verde di Corsica ;* il y en a de fort beaux
vases dans la chapelle de Médicis à Florence.

Les porphyres noirs ont été aussi fort recherchés par
les anciens ; leur pâte est noire et parsemée de petits
cristaux blancs ou rosés ; on les trouve dans plusieurs
monuments de Rome. Nos montagnes en renferment ;
mais l'architecture étant aujourd'hui moins curieuse
d'ornements splendides que dans l'antiquité, ces précieuses substances demeurent dans leur gisement naturel sans que personne en prenne aucun souci. Outre les
porphyres noirs, il y a aussi des porphyres gris, mais
ils sont d'une apparence moins somptueuse.

Nous avons dit qu'il y a certaines laves susceptibles
d'être exploitées et polies comme le porphyre, et appliquées aux mêmes usages. Le basalte, qui est aussi une
substance volcanique, d'un noir intense et sans cristaux,
a été fréquemment mis en œuvre par les anciens pour
des statues ou des tombeaux. Mais ce ne sont pas là les
seuls emplois de ces deux pierres. Certaines laves dures
et poreuses sont excellentes pour la confection des meules ; elles présentent à peu près les mêmes avantages
que cette pierre meulière qui est si célèbre, et que fournissent les environs de Paris. Aux environs de Coblentz,
et à peu de distance du Rhin, il y a des carrières considérables de laves exploitées pour meules de moulins.

dans d'anciens dépôts volcaniques qui se trouvent dans ce pays. Les basaltes, surtout dans l'antiquité, ont eu fréquemment la même destination. Certaines variétés de laves fournissent aussi de grandes dalles très-convenables pour le pavage des rues et particulièrement des trottoirs. Ce genre de pavé est très-commun en Italie ; et depuis quelques années on commence à se servir avec beaucoup de succès, à Paris, de laves d'Auvergne pour la construction des trottoirs dont on borde les maisons : on s'y sert aussi de dalles de granite, mais elles sont plus coûteuses. Le basalte est une pierre excellente pour le même objet. Il se trouve presque toujours sous forme de grands prismes accolés les uns contre les autres, comme on le voit en Irlande dans cette formation basaltique si célèbre sous le nom de Chaussée des géants, et dans la fameuse grotte de l'île de Staffa. Il suffit de briser ces prismes par tronçons pour avoir des pavés tout taillés et propres à s'assembler parfaitement les uns avec les autres, comme ils le faisaient dans leur situation naturelle. Sur les bords du Rhin, ces prismes de basalte sont employés à faire des bornes colonnaires très-élégantes et peu coûteuses, qui servent de garde-fous le long de la route ; on s'en sert aussi en les couchant horizontalement pour faire des escaliers dans les vignobles. On trouve du basalte colonnaire en divers points de la France, mais surtout en Auvergne et dans le Vivarais.

Les laves, dans beaucoup d'endroits, font aussi le service de pierres à bâtir ; celles qui sont poreuses conviennent parfaitement à cet usage, parce qu'elles sont légères et qu'elles se laissent tailler très-facilement. L'église de Clermont et celle de Riom sont construites avec de la lave, et se sont parfaitement conservées depuis leur origine, bien que la dernière ait actuellement huit cents ans d'existence.

Les laves, réduites en poudre dans les explosions de volcans, puis agglomérées par un ciment plus ou moins dur, forment ce que l'on nomme les tufs volcaniques ; ils sont très-communs dans les constructions italiennes, sous le nom de *peperino :* ils sont légers et se coupent très-bien. C'est dans un courant de cette pierre qu'a été empâtée la malheureuse ville d'Herculanum. Pompeia a été ensevelie sous une pluie de cendres analogues, mais non agrégées par un ciment. La plupart des édifices de cette ville sont construits avec ce tuf volcanique.

DE LA PIERRE CALCAIRE

La pierre calcaire est une des pierres les plus précieuses que possède l'industrie. Dans son état de pureté, on la trouve sous la forme de cristaux dérivant de diverses manières d'un rhomboèdre, mais le plus souvent elle se présente par grandes masses compactes, terreuses ou très-légèrement cristallines. On la distingue aisément d'une multitude d'autres substances, qui ont avec elle plus ou moins de ressemblance, en ce qu'elle produit une vive effervescence lorsqu'on y laisse tomber une goutte d'acide ; cet acide se combine avec la chaux, et chasse le gaz acide carbonique qui cause, en s'échappant, cette effervescence significative. Elle n'est pas fort dure, et se laisse aisément rayer et tailler avec un instrument d'acier : elle est cependant assez résistante. Cette dureté peu difficile à vaincre, la variété de ses nuances qui sont souvent fort agréables, et enfin la propriété dont elle jouit, lorsqu'on la chauffe assez fort pour chasser le gaz acide carbonique, de donner de la chaux vive, sont les principaux caractères sur lesquels se fonde son emploi dans les arts.

La pierre calcaire est très-abondante dans la nature, et forme un des éléments principaux de la croûte du globe, surtout dans les portions à couches régulières. On la trouve dans les terrains anciens remplissant des fentes souvent fort considérables, et associée avec divers autres minéraux ; elle s'y trouve aussi en couches, surtout dans les granites rubannés, ou gneiss, et dans les schistes ; elle est fréquemment cristalline, blanche, ou d'un gris bleuâtre, variée de diverses couleurs. Dans les terrains de l'âge secondaire et tertiaire on la trouve à tous les étages, depuis celui qui repose sur le terrain houiller, jusqu'à celui qui constitue le grand dépôt de la craie, dernier terme de la série secondaire, et jusqu'aux calcaires d'eau douce.

Le carbonate de chaux existe aussi en abondance dans certaines eaux qui le tiennent en dissolution, et il continue à s'en faire journellement sous nos yeux, dans diverses localités, de nouveaux dépôts : c'est ce que l'on nomme les tufs calcaires ; certaines sources, certains ruisseaux, certaines rivières forment d'une manière souvent très-active de ces sortes d'encroûtements. Il y a également des dépôts calcaires qui se font dans la mer et dans les lacs, à l'exemple de ceux plus anciens qui constituent les collines calcaires que nous foulons aujourd'hui, et qui, avant de s'ouvrir pour nos carrières, avaient longtemps supporté les eaux de l'Océan qui leur avaient donné naissance, et qui y avaient enseveli les débris de leurs coquillages.

Les emplois de la pierre calcaire sont si nombreux, qu'il est presque permis de dire qu'elle pourrait remplacer à elle seule toutes les autres. Comme pierres monumentales, les marbres, qui ne sont autre chose qu'une variété de pierre calcaire, peuvent rivaliser à bon droit avec les granites et les porphyres ; ils se prêtent mieux aux délicatesses de l'architecture ; et quant à la sculpture, il suffit de comparer les chefs-d'œuvre de la Grèce, dont le sol fournit le marbre blanc en abondance, avec les sculptures granitiques de l'Égypte et de l'Inde, pour juger de l'étendue du secours que cette pierre admirable a prêté au développement des beaux-arts. Sous le rapport de la décoration, les marbres colorés offrent autant de richesse, et sont bien plus faciles à travailler que ces deux autres pierres. Sous le rapport de la bâtisse, il n'y a pas de pierre plus commode à exploiter, plus simple à tailler, plus universellement répandue ; elle fournit non-seulement les moellons et les pierres d'appareil, mais elle fournit, ce qui est plus précieux encore, les éléments du mortier qui sert à réunir tous ces fragments pour en faire en quelque sorte un édifice d'une seule pièce ; c'est une pâte qui se durcit dans l'eau comme dans l'air, et qui, au lieu de se détruire en vieillissant, ainsi que toutes choses, acquiert au contraire, avec le cours du temps, plus de force et de ténacité. Enfin, par un dernier bienfait, la pierre calcaire est le principe de la lithographie, cet art ingénieux, qui multiplie, à l'infini, et presque sans frais, les dessins des plus habiles maîtres, et qui, pour une foule d'usages, est devenu le complément nécessaire de l'imprimerie. Cette pierre mérite, à tant de titres, notre intérêt, que le nom de pierre précieuse, si ce nom était l'apanage des choses utiles aussi bien que des choses brillantes, lui serait dû, sans aucun doute, avec bien plus de raison qu'au diamant et à tous les autres gemmes colorés qui composent son brillant cortége.

On donne le nom de marbres aux calcaires qui ont un grain assez fin pour acquérir un certain poli, et servir ainsi à la décoration des édifices et à la confection de divers objets d'art. On peut les distinguer en deux classes, suivant que leur cassure est terne ou cristalline ; ceux de la dernière classe, grâce à leur demi-translucidité, prennent plus d'éclat que les autres par le poli, et sont, par conséquent, plus recherchés. Les Grecs, et particulièrement les Romains, avaient mis une grande partie de leur luxe dans la possession de marbres de cette espèce. La plupart des carrières d'où ils les faisaient venir à grands frais sont aujourd'hui perdues, et les marbres qui en sont sortis ne nous sont connus que par les échantillons qui en restent dans les ruines des anciens monuments.

Le marbre blanc statuaire le plus célèbre est celui de Paros ; il était exploité par les Grecs dès le commencement de la quarantième olympiade. Son grain était un peu grossier, mais sa teinte légèrement jaunâtre donnait aux statues qui en étaient faites un moelleux agréable à l'œil. Un grand nombre de chefs-d'œuvre de la sculpture antique, et notamment la Diane chasseresse et la Vénus de Médicis ont été faits avec ce marbre. Le marbre pentélique, d'un grain plus fin, tiré du mont

Pentélès près d'Athènes, a servi également à la confection d'un grand nombre de morceaux précieux ; nous citerons le Parthénon et ses admirables frises, le Propylée, le Jason et le Torse du Belvédère. Le marbre blanc de Luni, sur les côtes de Toscane, avait également des qualités excellentes pour le ciseau ; il y a dans les collections d'antiquités beaucoup de statues qui en sont faites ; quelques personnes pensent que l'Apollon du Belvédère en est un morceau, tandis que d'autres, négligeant avec raison dans cette affaire les considérations purement minéralogiques, soutiennent qu'il est d'un marbre grec. Les carrières de Carrare ont été également exploitées très-activement par les sculpteurs antiques ; et c'est d'elles que l'on tire aujourd'hui presque tout le marbre statuaire dont nos artistes font usage. Ces carrières sont très-abondantes, mais la variété de marbre propre aux statues semble devenir de plus en plus rare ; les variétés moins parfaites se débitent en plaques ou en colonnes. La première qualité revient, à Paris, à environ 2,000 fr. le mètre cube. Ce prix varie de 500 à 2,000 fr. Pour 500 fr. c'est du marbre veiné, pouvant servir aux ouvrages ordinaires d'appartement, mais la qualité d'un blanc pur et sans défaut est pour ainsi dire inestimable. On voit, d'après cela, que le prix matériel d'une statue est, la plupart du temps, un objet fort considérable. Il existe dans les Alpes et dans les Pyrénées diverses variétés de marbre blanc qui paraissent pouvoir se prêter comme le marbre de Carrare aux travaux de la statuaire ; mais l'usage et la renommée des chefs-d'œuvre exécutés avec leurs blocs n'ont point encore consacré ces marbres. Il paraît cependant probable que les marbres blancs récemment découverts dans les montagnes qui dominent

Grenoble ne tarderont pas à jouir de la réputation qu'ils
méritent.

Le blanc est la couleur propre des marbres ; mais diverses substances étrangères sont souvent mélangées
intimement avec lui, et lui communiquent leur couleur :
tel est l'oxyde de fer, jaune, rouge ou brun, divers minéraux qui sont verts, le bitume, qui est noir ou brun
très-foncé.

Le marbre rouge antique est d'une nuance vive et
d'une teinte uniforme non veinée ; il est très-beau et très-
rare. Le Musée des antiques en possède de fort belles
pièces, notamment la Louve nourrissant Romulus et
Rémus. Un autre marbre rouge, veiné de blanc, est d'un
admirable effet pour les colonnes ; il est moins rare et
moins précieux que le précédent. Certaines variétés présentent des taches irrégulières, d'autres de très-grands
rubans qui se suivent à peu près parallèlement. Le Lan-
guedoc fournit un marbre rayé de rouge de feu, de blanc
et de gris, très-estimé pour la vivacité de ses couleurs
et qui est peu coûteux ; il est assez commun à Paris ; il y
a servi pour la construction des colonnes qui décorent
l'arc de triomphe du Carrousel. Le marbre griote, qui
est brun avec des taches rouge cerise, et vient du département de l'Hérault, est aussi fort recherché à Paris.
Parmi les marbres rouges, on doit encore citer le marbre
Campan, qui vient des Pyrénées.

Les marbres jaunes présentent à peu près les mêmes
variétés que les marbres rouges ; plus leur teinte est
pure et uniforme, plus ils sont estimés. Le marbre jaune
antique provenait, à ce qu'il paraît, de l'Atlas ; il est
aujourd'hui remplacé, sans trop de désavantage, par
celui que l'on tire des environs de Sienne. Sa couleur

n'est pas uniforme, mais l'effet général en est fort satis-
faisant ; il présente de grandes taches d'un jaune d'ocre,
entourées par des veines rougeâtres. Il y a encore beaucoup d'autres variétés de marbres jaunes, mais nous ne
pouvons songer à faire ici l'histoire de tous les marbres.

Le marbre vert doit ordinairement sa couleur à du
talc, substance analogue au mica, qui s'y trouve répandu
par feuillets allongés, ce qui rend la pierre fissile et peu
capable de résister à l'action des intempéries. Ce marbre est néanmoins très-recherché, à cause de la beauté
et de la rareté de sa nuance. Le Cipolin est le plus commun des marbres verts, et il est cependant d'un assez
grand prix. Le marbre vert antique est d'une teinte beau
coup plus foncée ; c'est un vert presque noir, qui est dû
à une substance particulière que l'on nomme la serpen-
tine. Il en existe des carrières près de Gênes ; mais les
anciens tiraient de la Laconie celui qui se trouve dans
leurs monuments. On en connaît aussi dans le commerce
quelques autres variétés assez belles qui s'exploitent en
Écosse et en d'autres pays.

Le marbre bleu, qui est à fond blanc avec des veines
bleues ou bleuâtres, est d'un fort bel effet ; on l'emploie,
en général, pour de petits objets. Le plus beau est celui
que l'on nomme le bleu turquin : on en voit une fort
élégante balustrade autour du chœur de l'église Saint-
Sulpice à Paris.

Le marbre noir est une belle pierre, surtout lorsque
sa couleur est intense, et ne tire nullement sur le gris ;
le plus beau est celui qui est connu sous le nom de marbre de Lucullus, ou marbre noir antique ; auprès de lui,
outes les autres variétés semblent grises. Il en existe

près d'Aix-la-Chapelle des carrières fort anciennement exploitées, et retrouvées par un minéralogiste depuis un petit nombre d'années. Le Portor est une très-belle variété de marbre noir ; il est d'un noir foncé, et sillonné par des veines de couleur d'or : aucun marbre n'est plus somptueux. Louis XIV en fit grand usage au palais de Versailles. On en exploite dans les Apennins, près de Porto-Venere, d'où lui vient le nom de Portor, et près de Saint-Maximin, dans le département du Var. Les marbres noirs communs, c'est-à-dire tirant plus ou moins sur le gris, se trouvent dans un assez grand nombre de localités, et sont généralement appliqués à la construction des monuments funéraires : on en trouve dans les Alpes, dans les Apennins, dans les Ardennes, en Bretagne et en beaucoup d'autres endroits.

Les marbres rayés de noir et de blanc, ou de noir, de blanc et de gris, forment une classe assez commune, mais dont quelques variétés, formées de noir et de blanc bien purs, ne sont pas sans valeur. Les marbres veinés produisent, en général, leur effet par l'agréable entrecroisement de leurs couleurs au moins autant que par leurs couleurs mêmes.

Le marbre Lumachelle est un des plus universellement répandus, surtout en France, où il est devenu en quelque sorte partie intégrante de tous les ameublements ; il est ainsi nommé du mot italien *lumaca*, qui signifie *limaçon*. Il est en effet pétri de coquilles qui ne sont point, à la vérité, des limaçons, mais des débris d'animaux marins de diverses espèces qui vivaient dans les eaux où ces calcaires se sont jadis déposés, et qui se sont trouvés empâtés dans le milieu des dépôts. Ces

coquilles, ces polypiers, ces madrépores entassés pêle-
mêle et coupés de mille façons selon leur position par
rapport à la tranche du marbre, forment sur le fond des
taches variées, mais dans lesquelles il est toujours facile
de distinguer des traces d'organisation. Une cheminée
de marbre est souvent une très-curieuse étude d'histoire
naturelle. Il existe un très-grand nombre de variétés de
ce marbre, différant les unes des autres, soit par la
teinte, soit par le nombre et l'entassement des coquilles,
soit par leur forme. Le marbre lumachelle antique, dont
les carrières sont malheureusement perdues, est le plus
beau ; il est connu sous le nom de Drap mortuaire ; la
pâte est d'un noir foncé, et il est semé sur toute son
étendue de coquilles triangulaires blanches, assez régulièrement disposées, grandes, et sensiblement écartées
l'une de l'autre. Le marbre lumachelle, le plus employé
à Paris, est connu sous le nom de Petit granite ; il est à
fond noir ou gris noirâtre, et semé d'une quantité innom-
brable de fragments d'encrinites ; il vient des environs
de Mons ; les canaux rendent son transport facile. Nar-
bonne fournit aussi un fort beau marbre lumachelle ; le
fond est noir, et les coquilles, qui sont des belemnites,
offrent des coupes circulaires, ou ovales, ou allongées
en pointe. Le marbre de Caen, qui est très-commun à
Paris, est d'un rouge sale, marqué de grandes taches
irrégulières et arrondies, d'une nuance plus claire ; ces
grandes taches, qui montrent un tissu organisé quand
on les considère de près, ne sont autre chose que des
madrépores. La Bourgogne fournit aussi un assez grand
nombre de marbres lumachelles de qualité analogue. La
lumachelle d'Astracan, dont les coquilles sont d'un beau
jaune orangé, est une pierre fort belle, mais qui ne se

trouve dans le commerce que par plaques de petites dimensions et d'un grand prix.

Les marbres Brèches sont des marbres composés de fragments anguleux ou arrondis, de diverses formes et de diverses grosseurs, agglutinés par un ciment calcaire. On les imite fort bien en réunissant dans une pâte de stuc des morceaux de marbre convenablement brisés. On donne le nom de Brocatelles aux variétés qui ne contiennent que des fragments de petites dimensions.

L'albâtre est un véritable marbre; il ne faut pas le confondre avec une autre pierre beaucoup moins précieuse qui porte le même nom, mais qui est du sulfate et non du carbonate de chaux. L'albâtre calcaire est plus dur que le marbre, et fait effervescence avec les acides; sa surface est ordinairement ondulée, et sa couleur tire toujours plus ou moins sur le jaune de miel. L'albâtre gypseux, au contraire, ou alabastrite, est très-tendre, jusqu'à se laisser rayer avec l'ongle, n'est point attaqué par les acides, et présente en général une teinte d'un blanc mat un peu fade. Il est très-commun dans le commerce, tandis que le premier est au contraire assez rare et d'un grand prix. On rencontre l'albâtre dans l'intérieur des cavernes, où il forme ces stalactiques suspendues aux voûtes de mille manières, et si célèbres dans toutes les descriptions de ces lieux souterrains, faites par les voyageurs qui les ont visités. Toutes les parties de ces dépôts ne sont pas également belles et également propres à souffrir le travail de la taille. On recherche particulièrement les variétés qui sont d'un blanc légèrement jaunâtre, avec des veines blanches et à demi transparentes: c'est l'albâtre oriental.

L'albâtre veiné ou marbre onyx est jaune de miel, et

formé de rubans alternatifs, distincts par la nuance ou
par la transparence. Il y a aussi des albâtres unis, tantôt
blancs, tantôt jaunâtres, mais toujours légèrement translucides. L'albâtre tacheté présente des taches irrégulières sur un fond jaunâtre. Il y a de beaux albâtres
dans plusieurs cavernes de nos départements, mais celui que l'on trouve dans le commerce vient en général
d'Italie et surtout d'Algérie. On l'emploie pour des tables, des vases, des pendules, rarement pour des colonnes. Les anciens faisaient grand cas de cette substance
quand elle était de belle qualité.

Nous indiquerons encore, à la suite de l'albâtre, les
noms de quelques pierres employées en ornement et en
placage, que nous ne devons pas passer entièrement sous
silence, mais qui ne sont pas assez importantes pour
mériter un article à part.

Le Lapis-lazuli est une pierre d'un beau bleu, qui est
presque toujours accompagnée de quartz dans lequel
elle est disséminée ; elle est plus dure que le marbre, et
forme une des décorations les plus opulentes que l'on
puisse employer dans les palais ; on en fait des meubles
fort précieux, surtout quand la teinte blanche du quartz
et la teinte bleue du lapis sont agréablement mélangées.
On s'en sert pour faire la belle couleur connue dans les
arts sous le nom d'outremer. Ce minéral est composé
de silice, de soude et d'alumine. On le trouve en divers
endroits de l'Asie.

La Malachite est une pierre assez tendre, mais susceptible cependant de recevoir un beau poli ; elle est formée de veines concentriques, irrégulières, d'un vert
olive très-doux et très-agréable à l'œil. On la trouve par
petites masses concrétionnées et tuberculeuses, que l'on

scie en plaques minces, dont on fait ensuite des pièces de rapport d'une assez grande étendue, en profitant avec adresse, pour réunir les morceaux, des contournements formés par les rubans alternativement vert pâle et vert foncé. La Malachite vient généralement de Sibérie, et possède une assez grande valeur.

Le Spath-fluor est une combinaison de calcium et de fluor ; c'est une substance brillante, translucide, remplie d'une multitude de fêlures et de glaces qui augmentent encore son éclat, mais malheureusement elle est fort tendre. On en fait des vases, des piédestaux, des pendules. Ses nuances sont très-diverses, et souvent très-pures et très-belles ; on en trouve de bleues, de violettes, de vertes, de jaunes, souvent mariées avec des veines blanches et parfaitement diaphanes. L'effet du Spath-fluor est à peu près celui d'un albâtre coloré. C'est une pierre qui n'a pas grande valeur et qui se trouve assez abondamment en Angleterre et en Saxe : il y en a aussi en Auvergne.

La beauté des marbres ne peut être mise en évidence que par le poli. Leurs couleurs sont ternes et leurs veines mal tranchées tant que leur surface est brute. Pour lui donner ce poli brillant qui la rehausse, on emploie d'abord l'émeri mêlé avec de la limaille de plomb qui sert à donner ce que l'on nomme le *premier poli;* on fait agir ensuite ce qu'on nomme la potée rouge, et l'on termine avec la potée d'étain de première qualité, qui donne à la pierre cette apparence douce et onctueuse qui plaît tant à l'œil. Le granite se polit de la même manière, mais avec bien plus de temps et de peine. Les objets arrondis se travaillent sur le tour, les autres sur une table placée horizontalement. Les plaques se débi-

tent à la scie. Pour les colonnes et les vases, on se sert
de scies particulières, qui enlèvent de l'intérieur de ces
objets des noyaux pleins, qui sont d'une certaine valeur
quand il s'agit d'une pierre de prix, et qui servent à
fabriquer d'autres ornements analogues, mais de plus
petites dimensions. On détache quelquefois d'un seul
cylindre jusqu'à quatre colonnes qui s'emboîtent l'une
dans l'autre ; il n'y a de perdu que la quantité de matière que les instruments détachent nécessairement sur
leur passage.

La pierre calcaire commune, qui est certainement la
pierre la plus répandue à la surface de la terre, possède
toutes les conditions qui sont nécessaires pour la bâtisse ;
aussi peut-on dire que c'est avec cette pierre qu'est construite la plus grande partie des murailles qui s'élèvent
à la surface de la terre. Toutes ses variétés ne sont pas
également bonnes, mais il en est peu qui ne puissent
servir au moins de moellons pour les travaux grossiers.
La pierre calcaire se laisse facilement couper, soit avec
la scie unie et le sable lorsqu'elle est très-dure, soit
avec la scie à dents lorsqu'elle est tendre. Dans tous les
cas, on la taille sans peine avec les instruments d'acier,
et elle conserve bien les moulures. Elle jouit d'une assez
grande résistance, surtout quand on la place dans le
même sens que celui où elle se trouvait dans la carrière.
Étant presque toujours déposée par couches indépen-
dantes les unes des autres, elle s'exploite très-facilement,
puisqu'elle se trouve naturellement détachée sur deux
faces. Enfin, lorsqu'elle est bien choisie, elle résiste suffisamment à l'action destructive de l'air et de la gelée ;
elle possède, à la vérité, cette qualité à un degré bien
moindre que le granite et le beau marbre, car elle est

toujours un peu poreuse, et par conséquent perméable à l'humidité; mais cet inconvénient pour l'usage particulier de la maçonnerie est amplement compensé par le bon marché de l'exploitation et de la taille. En outre, elle se trouve dans un bien plus grand nombre de pays, et toute transportée, pour ainsi dire, par la main de la nature, dans les lieux où l'on en a besoin.

Les couches calcaires, que l'on trouve en petite quantité parmi les terrains anciens, ont l'inconvénient de s'égrener par la pression, et de faire un mauvais service dans les constructions importantes. Les meilleures pierres d'appareil sont fournies par les couches qui abondent dans les dépôts secondaires, et surtout dans les dépôts tertiaires; elles sont d'un grain serré, très-résistantes, faciles à tailler, et peu fragiles; elles renferment fréquemment une assez grande quantité de coquilles fossiles; leur couleur habituelle est le blanc jaunâtre plus ou moins foncé, mais, à l'air, cette couleur ne tarde pas à noircir, à cause des aspérités de la surface, qui retiennent la poussière et les toiles d'araignée. Ce n'est un inconvénient sérieux que pour les grands monuments d'architecture, que l'on n'a pas l'habitude de recouvrir d'un badigeon. Les maisons de Paris, ainsi que ses plus beaux édifices, sont bâtis avec la pierre calcaire du dépôt tertiaire, au centre duquel cette capitale s'élève : ces pierres sont des plus excellentes qu'on puisse voir. Les villes des environs de Paris, jusqu'à une certaine distance, sont également en calcaire tertiaire. Le terrain de craie qui entoure le bassin de Paris, et qui est aussi une formation calcaire, fournit des pierres de construction d'une qualité fort inférieure; celles qui constituent le fond de la Champagne peuvent à peine servir, tant elles sont tendres et peu solides. Après cela, on trouve la longue succession des calcaires secondaires, qui tous renferment au moins quelques bancs propres à l'usage de la bâtisse. C'est avec des pierres de cette nature que sont construites les maisons de la Lorraine, de la Franche-Comté, du Dauphiné, de la Bourgogne, du Bourbonnais, des bords du Rhône, du Poitou, de la Provence, d'une grande partie de la Normandie, etc. On retrouve des calcaires tertiaires près de Marseille, près de Bordeaux, près de Clermont, et en Europe près de plusieurs grandes villes. C'est avec du calcaire tertiaire que Rome, dans les temps anciens comme dans les temps modernes, a bâti ses nombreuses maisons et ses magnifiques monuments. Ce calcaire, qui est encore aujourd'hui formé en beaucoup de points de l'Italie, par les dépôts des rivières, est d'excellente qualité, et d'une nuance jaunâtre souvent fort agréable ; il est connu sous le nom de *travertin*. Par l'exposition à l'air il se durcit, et finit par acquérir cette teinte rougeâtre qui produit un si bel effet sur les débris antiques qui sont demeurés debout dans cette illustre contrée.

La pierre calcaire, outre les services que nous venons d'énumérer, et pour lesquels, inférieure au granite, si l'on ne consulte que sa qualité, elle se montre supérieure à toute autre matière, si l'on tient compte en même temps du caractère économique, rend à l'architecture un dernier service, dans lequel rien ne saurait lui disputer son droit à l'excellence : c'est elle qui fournit la chaux, et qui devient ainsi le principe du mortier; agent précieux qui nous permet d'élever d'immenses constructions qui, une fois terminées, ne sont plus, pour ainsi dire, qu'un seul bloc de pierre, et qui cependant ont été façonnées aisément, pièce à pièce, et, comme une mosaïque, de fragments juxtaposés; agent d'autant plus admirable qu'il a le don de résister au temps, et qu'au rebours de toutes les choses humaines, il se consolide et prend une nouvelle force à mesure qu'il vieillit. Toutes les pierres calcaires, lorsqu'on les calcine à une forte chaleur rouge, produisent de la chaux : c'est une de leurs propriétés fondamentales; mais il s'en faut de beaucoup que toutes ces chaux soient aussi bonnes les unes que les autres. Toute pierre à chaux est une pierre calcaire, mais toutes les pierres calcaires ne sont pas des pierres à chaux. On n'exploite sous ce nom que les variétés qui sont susceptibles de donner par la cuisson un produit convenable.

On distingue deux sortes principales de chaux : la chaux grasse et la chaux hydraulique. Nous allons en dire rapidement quelques mots, sans nous occuper des variétés secondaires.

La chaux grasse est la plus mauvaise; mais comme elle est la plus abondante et en même temps la plus économique, elle est aussi la plus habituellement employée dans les constructions communes. Elle absorbe beaucoup d'eau au moment de ce qu'on appelle son extinction, et augmente considérablement de volume. Mise en pâte et exposée à l'air, elle se dessèche, absorbe de l'acide carbonique, et acquiert une certaine dureté au bout d'un temps plus ou moins long. Placée sous l'eau, ou seulement soustraite au contact de l'air, elle reste indéfiniment molle. Elle est ordinairement d'un beau blanc. Elle provient des variétés de pierre calcaire les plus pures, et c'est précisément sa pureté qui devient la cause de son infériorité.

Quand la pierre calcaire contient de 10 à 20 pour 100 de matières étrangères, la chaux qui en provient ne foisonne presque pas lors de l'extinction ; c'est une chaux maigre. Les seules chaux de ce genre qu'on emploie dans les constructions portent le nom de chaux hydrauliques, parce qu'elles jouissent de la propriété de durcir, non-seulement à l'air, mais et mieux encore quand elles sont plongées dans l'eau. Elles sont très-précieuses pour la construction des piles de pont, des digues, des travaux de toutes sortes, faits soit à la mer, soit dans les rivières ; l'industrie humaine serait presque suspendue si elle en était aujourd'hui privée.

Des analyses aussi bien que des expériences hypothétiques ont établi que c'est à la présence de l'argile, matière composée de silice et d'alumine, qu'elles doivent leur faculté caractéristique, et, après avoir constaté le fait, on a été naturellement conduit à rechercher si la chaux grasse, intimement mélangée avec ces seules matières, n'offrirait pas les mêmes propriétés que la chaux hydraulique naturelle ; c'est en effet ce qui a lieu, et c'est par ce moyen que l'on prépare maintenant des chaux hydrauliques artificielles dans toutes les localités où l'on possède de la chaux grasse, et où la chaux hydraulique est trop coûteuse. Deux procédés sont employés à cet effet. Ils consistent : le premier, à faire cuire un mélange en proportions convenables d'argile et de chaux grasse éteinte ; le second, à mélanger avec l'argile, au lieu de chaux, un calcaire très-tendre, de la craie par exemple, préalablement réduit en poudre fine. Ce dernier système étant le moins dispendieux est le plus habituellement employé.

On fabrique le mortier en mêlant de la chaux grasse

ou hydraulique réduite en pâte molle soit avec du sable, soit avec de la pouzzolane naturelle ou artificielle. La pouzzolane est de l'argile cuite; on en trouve en abondance dans les terrains volcaniques qui enserrent le golfe de Pouzzoles et, de là, le nom donné à cette matière qui est précieuse pour l'art des constructions. Quand le mortier est formé de sable et de chaux, il se comporte à peu près de la même manière que la chaux entrant dans sa composition, c'est-à-dire qu'il ne durcit qu'à l'air si la chaux est grasse, et qu'il se solidifie également sous l'eau si elle est hydraulique. Réduire la dépense et modérer le retrait de la chaux grasse est l'objet principal de l'intervention du sable. Mais il en est tout autrement avec la pouzzolane : associée à la chaux grasse, elle donne un mortier qui acquiert plus de dureté encore lorsqu'il est immergé que s'il reste exposé à l'air, et qui peut rivaliser avec ceux des meilleures chaux hydrauliques. On voit qu'un mortier ne jouit de sa propriété de durcir sous l'eau qu'à condition de mettre en présence de la chaux, un mélange de silice et d'alumine dans un état tel qu'elles puissent entrer en combinaison avec elle. Il a été démontré, d'ailleurs, par plusieurs expériences, que l'alumine n'est pas nécessaire à la production du phénomène; elle n'intervient que parce qu'elle se trouve associée à la silice aussi bien dans les argiles que dans les calcaires hydrauliques.

Le bon mortier n'est donc autre chose qu'une pierre artificielle produite par la combinaison chimique des atomes de la chaux avec les atomes de silice et d'alumine qui ont été mélangés avec eux. C'est sur cette vérité bien simple, mais cependant longtemps méconnue, qu'est

basée toute la théorie des mortiers. Pour que la combinaison se fasse de la manière la plus complète, et ac-
quière par suite la plus grande consistance, il faut que
les éléments du mélange soient préalablement réduits à
la plus parfaite ténuité, et entremêlés le plus également
possible. De là la nécessité des soins les plus minutieux
dans la préparation des mortiers; c'est une des premières garanties de la longue existence des édifices. De
plus, la combinaison des atomes les uns avec les autres
ne se faisant pas avec une promptitude instantanée, mais
se continuant au contraire lentement, et suivant les lois
de la durée, il en résulte que la solidité des mortiers
bien préparés doit augmenter suivant une proportion
fort sensible avec le temps. De là aussi cette merveille
du fameux mortier des Romains, qui, formé d'éléments
réduits en poudre fine, travaillé à force de bras, et avec
une patience inouïe, puis, abandonné durant des siècles
à l'action incessante de la force chimique, nous étonne
aujourd'hui par sa dureté et sa ténacité. Mettons le
même soin que cet ancien peuple dans la préparation
de nos mortiers, et nos neveux, héritiers de nos monuments, leur trouveront les mêmes qualités que nous
admirons aujourd'hui dans ceux que nous ont laissés les
Romains.

En mélangeant du mortier hydraulique avec des
cailloux ou de petits fragments de pierres dures, on
fabrique ce qu'on appelle du béton. Pour se servir du
béton dans les constructions sous l'eau, il suffit de
préparer un moule avec une enceinte de planches,
et d'y faire couler, à l'état pâteux, la matière qui s'y
arrange d'elle-même, suivant la forme voulue, et ne tarde
pas à y prendre corps comme la plus solide maçonnerie.

Il y a loin de cette méthode si commode pour établir des fondations dans le milieu des rivières, à celle des anciens architectes qui, pour établir des ponts, étaient obligés de détourner les rivières, afin de travailler dans leur lit desséché.

La pierre calcaire, qui est la seule qui ait qualité pour la fabrication des ciments durables, est aussi la seule qui ait qualité pour une autre industrie également importante, bien qu'à un moindre degré, celui de la lithographie. Les variétés propres à ce genre de service sont plus rares que celles qui sont propres à fournir de bonnes chaux. Il faut des pierres compactes, à grain terne, serré, capables de recevoir un beau poli, susceptibles cependant de s'humecter jusqu'à un certain point, entièrement dépourvues de veines, de fissures, et parfaitement homogènes sur toute leur étendue. Le moindre défaut dans la pierre suffirait pour compromettre le dessin que l'on y aurait déposé. La conduite de l'opération demande une infinité de précautions; du reste, la théorie en est fort simple. Après avoir revêtu la surface de la pierre sur les points où l'on veut du noir, et par conséquent un relief, d'un enduit gras, qui, sous la forme d'un crayon, y est appliqué par la main de l'artiste, on fait agir un acide léger qui dissout et creuse la pierre calcaire partout où elle est demeurée à nu, et laisse au contraire en saillie tous les points où a passé le crayon, et sur lesquels la liqueur corrodante est sans prise. Après quelque temps, la pierre calcaire se trouve changée en une sorte de bas-relief, duquel on peut tirer des épreuves, comme d'une planche d'imprimerie. Les meilleures pierres lithographiques sont celles qui viennent des carrières de Papenheim en Bavière;

elles dépendent de la formation des calcaires secondaires. On en trouve aussi en France dans plusieurs localités, notamment près de Belley, près de Dijon, près de Châteauroux et même dans les dépôts tertiaires près de Paris ; mais elles ne valent pas celles de Papenheim, et ne sont généralement en usage que pour les ouvrages peu délicats.

Nous en avons dit assez de la pierre calcaire pour qu'il soit aisé de juger que c'est une des plus précieuses richesses de l'espèce humaine, à cause de l'importance et de la variété des emplois auxquels elle s'applique. Elle ne jouit pas d'une seule propriété que nous n'ayons su tourner à notre profit : sa demi-translucidité, sa dureté, sa blancheur et l'éclat de sa couleur dans ses mélanges sont le principe des marbres; sa solidité, sa consistance, sa facilité à se laisser tailler, forment celui des pierres d'appareil ; sa décomposition par la chaleur qui en chasse l'acide carbonique et en isole la chaux, est utilisée pour la préparation de cet agent; et c'est la seule pierre de laquelle il soit possible de l'extraire d'une manière aussi économique ; enfin la propriété de se laisser attaquer par les acides faibles qui la dissolvent, en en dégageant l'acide carbonique, a été ingénieusement relevée par l'esprit moderne, qui en a fait la base d'un art qui fournit un nouveau moyen pour la communication de la pensée.

DE LA PIERRE A PLATRE

Le gypse ou pierre à plâtre est une combinaison de
chaux, d'acide sulfurique et d'eau. Par la chaleur,
cette combinaison se décompose, l'eau en est chassée,
et il reste du sulfate de chaux sec : en combinant ce
sulfate de chaux réduit en poudre avec de l'eau, la
pierre se reforme instantanément, mais elle n'acquiert
jamais une grande dureté ; outre cela, elle ne mord point
sur les autres pierres qui sont en contact avec elle, ainsi
que le mortier calcaire, et ne fait autre chose que de
les empâter. C'est sur cette propriété chimique de se
consolider par l'absorption de l'eau, qu'est fondé l'emploi du plâtre, qui est en maçonnerie le suppléant de la
chaux.

La pierre à plâtre est beaucoup moins répandue à la
surface de la terre, que la pierre calcaire ; elle ne forme
que quelques dépôts isolés, et généralement de peu d'é-
tendue, si on les compare aux terrains calcaires. Il s'en
trouve cependant à peu près dans toutes les régions géologiques. Dans les Alpes, on exploite des gypses qui
sont en relation avec les roches granitiques ; dans plusieurs provinces, notamment en Bourgogne et en Lorraine, ils sont associés aux calcaires secondaires ; enfin,
dans le bassin de Paris, qui est renommé pour l'excellence du plâtre qu'il fournit, cette pierre forme des
dépôts étendus entre les grès, les sables et les bancs
de pierre à bâtir, comme si tous les éléments de la

construction avaient pris plaisir à se rapprocher les uns des autres. Les carrières de Montmartre et de Ménilmontant, ouvertes aux portes mêmes de Paris, sont depuis longtemps en possession d'approvisionner cette capitale.

Le sulfate de chaux étant légèrement soluble dans l'eau, il y a apparence que certaines couches de gypse ont été déposées, dans les âges antérieurs, sur le fond des lacs ou à des embouchures de rivières, par des eaux qui tenaient cette substance en dissolution. Dans quelques endroits, le gypse, au lieu de se trouver par couches, se présente, au contraire, par amas irréguliers, intercalés dans des bancs de roche calcaire, et l'on a quelque raison de penser que, dans ce cas, il a été produit par des émanations acides sorties du sein de la terre, et qui ont converti, sur leur passage, la pierre calcaire en sulfate de chaux. La décomposition de la pierre à plâtre par la chaleur est beaucoup plus facile que celle de la pierre à chaux. Tandis que, pour la chaux, il faut une forte chaleur rouge, ici, au contraire, il suffit d'une chaleur très-peu supérieure à celle de l'eau bouillante. Le plâtre est même d'autant meilleur que la température, durant sa cuisson, a été assez ménagée ; si l'on a eu l'imprudence de le calciner trop fortement, il perd toute la solidité qu'il aurait pu avoir. La pierre, par suite de cette opération, éprouve une perte de près d'un quart de son poids ; c'est le déchet dû à l'eau qu'elle contenait et qui se dégage par grands flots de vapeur.

Si on laisse le plâtre exposé à l'air après sa cuisson, il ne tarde pas à s'altérer, parce qu'il reprend peu à peu de l'eau, et ne conserve plus pour elle une avidité suffisante quand on veut le mettre en œuvre. La rapidité avec laquelle il prend corps quand on le gâche avec l'eau, est cause qu'on est obligé de le préparer par petites portions, et seulement à mesure qu'on l'applique. Il se prête avec une merveilleuse facilité à la formation des moulures les plus délicates ; et cette qualité jointe à sa ténacité et à sa belle couleur blanche, fait qu'il est d'un grand usage pour les plafonds et les décorations intérieures. A Paris et dans les lieux où il est à bas prix, on l'emploie fréquemment dans les maçonneries en guise de mortier. Nous avons déjà dit qu'il n'a pour ce service que des qualités fort médiocres ; mais le travail de la maçonnerie en plâtre est fort prompt, et les murs sèchent en très-peu de temps, ce qui est un grand avantage lorsque l'on se propose d'élever, non pas des édifices durables, mais des édifices éphémères. Le temps diminue rapidement la solidité des murailles cimentées avec du plâtre, ce qui est l'inverse de son action à l'égard des mortiers calcaires.

Le plâtre est excellent pour les moulages ; une légère augmentation de volume qu'il éprouve à l'instant où il se consolide, fait qu'il s'applique vigoureusement contre les moindres dépressions du moule où on le met, et en rend l'image avec une fidélité parfaite. C'est une propriété admirable, puisqu'elle permet de multiplier à l'infini et à très-bas prix, les chefs-d'œuvre de la sculpture, et avec toute la beauté des originaux eux-mêmes. Ces copies sont, à la vérité, fort exposées à se détériorer, à cause du peu de dureté de la matière dont elles sont faites ; on ne saurait les tenir à l'air sans voir bientôt toute la netteté de leurs contours se perdre ; mais dans les appartements elles ne sont point sujettes à cet incon-

vénient. On a employé la pierre calcaire à des moulages
beaucoup plus solides que ceux-ci, mais moins commodes
à opérer, et par conséquent aussi plus coûteux. Il suffit
pour cela de faire séjourner dans des moules convenablement préparés des eaux déposant du calcaire ; ce calcaire s'incruste peu à peu sur les parois du moule, et y
forme un relief solide et durable. Enfin on fait encore
des moulages avec diverses autres compositions plus
résistantes que le plâtre et dont nous n'avons point à nous
occuper ici.

Certaines variétés de pierre à plâtre, qui sont d'un
beau blanc, fournissent ce que l'on nomme dans le commerce l'albâtre gypseux, ou simplement l'albâtre, bien
que le véritable albâtre, duquel nous avons déjà parlé,
soit différent de celui-ci. Cette pierre étant fort tendre,
au point de se laisser rayer avec l'ongle, rien n'est plus
aisé que de la travailler pour en faire des flambeaux, des
vases, des pendules, des statuettes, etc. Mais ce défaut
de dureté, si avantageux pour le travail, l'est fort peu
pour la conservation de ces produits, et il en résulte
qu'ils sont en général peu estimés. Il y a certaines variétés qui sont colorées et quelquefois rubannées par veines jaunâtres, à la manière des véritables albâtres, dont
elles se distinguent néanmoins à première vue par une
certaine différence dans l'éclat, et dont elles se distin-
gueraient bien mieux encore si l'on osait faire l'épreuve
de leur dureté en les rayant avec une pointe.

Les Romains tiraient principalement l'albâtre, dont
ils fabriquaient de très-beaux vases pour les parfums,
des environs d'Alabastrum, en Égypte : de là est venu le
nom donné à cette pierre. Celui qui circule actuellement
sous tant de formes dans le commerce, vient de Volterra

dans les environs de Florence. Il y en a des masses considérables en plusieurs points de nos départements ; mais
les habitants n'ayant pas l'industrie de le sculpter, il n'a
pas plus de valeur que la pierre à plâtre ordinaire, et ne
sert pas à d'autre usage qu'elle.

Il existe dans la nature un sulfate de chaux *anhydre*,
c'est-à-dire privé d'eau. Il n'est pas propre à la préparation du plâtre, car c'est un plâtre véritable, mais sans
aucune vivacité dans son affinité pour l'eau ; il peut
servir, et il sert effectivement aux mêmes usages que
l'albâtre, et il a l'avantage d'être un peu plus dur. On en
trouve des variétés de couleurs fort agréables, roses,
violettes, bleues, verdâtres ; mais cette pierre, que l'on
nomme anhydrite, a encore moins d'importance que
l'alabastrite.

DES PIERRES DE GRÈS

Le grès est un sable siliceux agglutiné par un ciment
qui est en général de même nature, et qui transforme le
sable en une pierre souvent fort dure. Quelquefois le tissu
des grès est si serré, qu'on a peine à y discerner les
grains dont ils sont composés ; mais la plupart du temps
le sable y est fort distinct, et dans certaines circonstances il est entremêlé de cailloux de diverses grosseurs,
qui donnent à la pierre un aspect particulier. On donne
au grès le nom de poudingue quand les cailloux sont
arrondis, et de brèche quand ils sont anguleux. Nous

avons déjà eu occasion de parler des brèches calcaires à
l'article des marbres.

Les bancs de grès sont assez fréquents dans la nature,
beaucoup moins cependant que les bancs calcaires. Dans
les pays qui en sont formés, on en tire parti pour la construction des maisons. Il y en a qui fournissent d'excellentes pierres d'appareil, faciles à tailler, consistantes
et d'une bonne résistance, mais en général ils sont moins
propres que les pierres calcaires aux délicatesses du ciseau. Ils sont assez variés de couleur ; il y en a de rouges, de verts, de violets, de gris, de blancs, de jaunâtres,
de bigarrés, ce qui donne des caractères divers aux
villes qui en sont bâties. Quelques cantons de la Lorraine,
l'Alsace, le Bourbonnais, sont en grès rouge ; Saint-
Étienne, Carcassonne, plusieurs autres villes sont d'un
grès houiller qui est gris. La molasse, qui est un grès à
grain fin et verdâtre, est en usage en Suisse, et produit
d'assez jolis effets. Les grès bigarrés sont veinés comme
le marbre, et conservent pendant fort longtemps des
couleurs brillantes et tranchées. L'inconvénient des
pierres de grès comme pierres de construction, vient de
ce que les unes s'égrènent trop facilement sous la pression et se remettent en sable, et que les autres, au contraire, sont trop aigres et trop cassantes pour se laisser
convenablement tailler.

Le principal usage des grès, surtout dans les environs
de Paris, où la nature en a déposé des amas considérables, est de servir au pavage des rues et des grandes
routes. Il s'en fait une énorme consommation. Le seul
pavé de la ville de Paris représente une étendue de plus
de deux millions de mètres carrés, et le roulement continuel des voitures l'use promptement. Les carrières qui

fournissent cette pierre si précieuse pour la facilité des mouvements dans cette grande ville, sont situées à peu de distance de ses murs. Les produits de la plupart de ces carrières y arrivent à peu de frais par des bateaux chargés chacun de huit à dix mille pavés. Palaiseau, Pontoise, et surtout Fontainebleau, sont les centres principaux pour l'exploitation des pavés. La variété de grès que l'on recherche pour cet usage est très-dure sans être trop cassante ; elle se débite assez facilement en échantillons prismatiques, un coup vivement appliqué suffisant pour fendre la pierre nettement et par larges éclats.

Les grès sont fréquemment employés comme pierres à aiguiser : il faut pour cela que leur grain soit uniforme et d'une finesse proportionnée à la nature du tranchant que l'on veut obtenir. Les pierres de grès dont on se sert pour aiguiser les faux doivent nécessairement présenter à l'acier une surface plus rugueuse et plus dure que celles dont on se sert pour aiguiser les couteaux ou les rasoirs ; on taille ces pierres soit sous formes de meules, soit sous celles de tablettes allongées.

Le grès sert aussi pour le polissage et pour la taille des corps durs. On fait grand usage dans les manufactures d'armes et de quincaillerie de ces meules en grès, que l'on peut considérer, à certains égards, comme remplaçant les limes. Il y a une foule d'industries dans lesquelles le grès fournit des instruments de première nécessité. C'est avec des meules d'un grès très-dur et animées d'un mouvement rapide, que l'on parvient à tailler les agates et à les verser dans le commerce, sous mille formes délicates et à bas prix, malgré leur dureté qu'il faut vaincre. C'est encore avec des meules de grès

que l'on taille le cristal, et que l'on découpe à sa surface ces arêtes si vives, et ces facettes si bien polies et
si brillantes.

Enfin, certaines variétés d'une pâte très-fine et de
couleurs agréables, sont employées comme pierres d'ornement pour de légers objets de fantaisie.

DES PIERRES SCHISTEUSES ET FIBREUSES

La nature minérale présente plusieurs espèces de
pierres schisteuses, c'est-à-dire divisibles en plaques
minces et unies. La plupart du temps, cette fissilité est
causée par des lamelles de mica plus ou moins déterminées, et qui partagent la roche dans laquelle elles se
trouvent par feuilles distinctes. Ces pierres sont fort
utiles pour la couverture des édifices, ainsi que pour la
confection des dalles et de divers autres objets en forme
de plaques. Lorsqu'on ne peut pas s'en procurer, on les
remplace fort bien par des tuiles, mais on a alors la
peine d'une fabrication qui ailleurs est évitée par la
générosité de la nature. Les pierres schisteuses les plus
communes sont le micaschiste, qui est une roche composée de quartz et de mica ; le schiste argileux, qui est
d'argile et de mica ; le grès schisteux et le calcaire schisteux. Mais de toutes ces pierres, le schiste argileux est
la seule qui ait quelque importance sous le rapport de
la couverture des édifices. Les autres ne sont guère
employées que pour fournir des dalles ; elles ne donnent
des plaques ni assez légères ni assez régulières pour

qu'on puisse les employer avec succès à la construction des toitures un peu soignées.

L'ardoise est le nom commun du schiste argileux propre au service des toitures. C'est une pierre qui est connue de tout le monde. Il y en a de diverses couleurs, mais la plupart du temps elle est d'un gris caractéristique. Elle se laisse diviser en feuillets de la plus grande finesse et à surfaces planes, avec une étonnante facilité; la régularité de ces feuillets fait qu'ils se recouvrent parfaitement les uns les autres, sans laisser entre eux le moindre jour, et leur légèreté fait qu'il n'est pas nécessaire d'avoir recours à une charpente fort solide pour supporter le poids du toit; leur ensemble est comme une peau écailleuse que l'on étendrait au-dessus des maisons pour abriter leur intérieur contre les intempéries de l'atmosphère. Quelquefois cependant, et surtout dans les pays de montagnes où les ouragans sont très-violents, on est obligé d'avoir recours à des ardoises pesantes, parce que sans cela les toits courraient risque d'être dégradés, ou même emportés par la force des vents. Un toit d'ardoise bien fait ne pèse que douze à quinze kilogrammes par mètre carré. Sans ardoises, on ne pourrait arriver à un pareil résultat qu'avec des couvertures métalliques qui sont toujours fort coûteuses. On fait cependant des ardoises factices qui remplacent très-bien les ardoises naturelles, mais leur usage ne s'est pas encore établi.

Les principales ardoisières de France sont celles d'Angers et de Charleville. Le travail de l'exploitation est fort simple; il suffit de couper des blocs de grosseur convenable dans l'épaisseur de la masse de schiste, et de les diviser ensuite en feuillets que l'on recoupe suivant la forme voulue. Il y a encore d'autres ardoisières, mais de moindre importance, près de Saint-Lô, de Cherbourg, de Grenoble, de Brives, de Redon en Bretagne, et en quelques autres lieux. Le commerce des ardoises est devenu en France une branche de commerce considérable; c'est un des pays les mieux partagés sous ce rapport.

Nous ne terminerons pas cet article sans rappeler le service important que l'on tire des ardoises pour l'enseignement de l'écriture. On choisit pour cela des ardoises compactes et à grain fin, dont on adoucit la surface avec la pierre ponce. Le crayon doit être d'une ardoise un peu plus tendre que la tablette, afin de ne pas la rayer, et d'y laisser une trace pulvérulente qui puisse s'effacer sans aucune peine. Les ardoises, ainsi préparées, sont aussi fort commodes dans une multitude de circonstances de la vie journalière, et notamment pour les marchands dans leurs calculs de comptoir.

Il y a des pierres qui, au lieu de se partager seulement en feuillets, se partagent en filaments; c'est ce que l'on appelle la texture fibreuse. Cette texture appartient également à des substances fort différentes; mais elle est surtout remarquable dans une certaine pierre, assez mal définie sous le rapport de sa composition, mais paraissant cependant se rapporter à l'amphibole. Tantôt ses fibres sont dures et résistantes comme celles d'un morceau de bois; alors on donne à la pierre le nom d'Asbeste : tantôt, au contraire, elles sont flexibles comme de la soie, et on lui donne alors le nom d'Amiante. Ce minéral a acquis par sa singularité une célébrité beaucoup plus grande que celle qu'il mérite réellement par son utilité. En le mélangeant avec du chanvre, on peut le filer, le tisser, en faire des vêtements et des dentelles; en passant ces objets au feu, la matière végétale se consume, et il ne reste plus que la matière minérale. Ces produits nous étonnent, parce qu'ils réunissent la flexibilité et l'incombustibilité, qualités que nous ne sommes pas habitués à voir ensemble. C'est ainsi que le mica forme quelquefois de grandes plaques transparentes comme le verre et élastiques comme la corne. On a proposé d'employer l'Amiante pour fabriquer un papier auquel on confierait les actes précieux ; on a proposé aussi de s'en servir pour fabriquer des mèches de lampes, qui serviraient à faire brûler l'huile sans se brûler elles-mêmes, et seraient par conséquent sans fin. Quant aux vêtements d'Amiante, ce sera toujours un objet de peu d'importance, car si ces vêtements ne s'enflamment pas, ils n'en laissent pas moins passer en partie la chaleur du feu jusqu'à la peau, et n'empêchent pas l'asphyxie causée par le manque d'air au milieu des incendies. L'usage le plus habituel de l'Amiante est de former des éponges pour l'acide sulfurique dans les petites bouteilles qui font partie de certains briquets très-répandus. On trouve de l'Amiante dans beaucoup de pays, notamment dans les Alpes, dans les Pyrénées, en Corse et dans l'Oural.

DU QUARTZ OU DE LA PIERRE A FEU

Nous avons déjà parlé de la composition du quartz : c'est du silicium combiné avec de l'oxygène. Cette pierre présente des aspects fort variés ; néanmoins son éclat et les caractères de sa cassure la font toujours assez sûrement reconnaître ; elle est en outre la plus dure de toutes les pierres, si l'on fait exception des pierres fines : elle les raye toutes, même le feldspath. Le quartz, dans son état de pureté, est parfaitement blanc et transparent ; mais il est presque toujours mélangé avec d'autres substances qui lui communiquent des couleurs plus ou moins agréables. Son excessive dureté et la beauté résultant de l'éclat inaltérable de ses nuances, sont les propriétés qui le font rechercher, et sur lesquelles sont fondés ses emplois dans les arts. La plupart de ses variétés ont reçu des noms particuliers, à cause des différences marquantes qu'elles présentent à l'œil ; mais sous des dénominations distinctes, c'est toujours au fond la même substance : le silex, la pierre à fusil, le jaspe, l'agate, la cornaline, le calcédoine, le cristal de roche, et toutes les qualités intermédiaires ne sont que du quartz, et l'on peut passer insensiblement, et sans division tranchée, de l'une de ces variétés à toutes les autres.

On rencontre quelquefois le quartz en cristaux ; généralement ce sont des prismes à six pans, confusément groupés les uns avec les autres, et surmontés par des pyramides.

Le quartz est assez abondamment répandu dans la nature. Il est cependant rarement réuni par grandes masses, excepté dans les terrains de grès, où il ne se trouve toutefois que sous forme de petites particules agrégées les unes avec les autres. Il constitue un des éléments essentiels des granites ; il est disséminé par petits cristaux dans un grand nombre de porphyres ; les

bancs calcaires en contiennent fréquemment de petits
amas, soit cristallisés, soit arrondis ; enfin les couches
de poudingues en renferment d'énormes quantités, provenant de la désagrégation d'anciennes roches, et réunis
les uns près des autres sous forme de cailloux, comme
sur certaines plages et dans le lit de certaines rivières.
Dans quelques localités il est en bancs épais ; mais cela
est fort rare : les plus grands massifs continus sont généralement ceux qui remplissent les filons des terrains
anciens, et particulièrement des schistes argileux :
quelques-uns de ces filons ont plusieurs lieues d'étendue, une épaisseur considérable, et une profondeur inconnue, mais qui est probablement de plusieurs milliers
de mètres.

Toutes les variétés de quartz, lorsqu'on les frappe
avec un briquet, donnent des étincelles, et ce caractère
est excellent pour les distinguer d'une quantité d'autres
pierres. Il n'est pas douteux que, si ce moyen de produire du feu était le seul que les hommes eussent à leur
disposition, le quartz mériterait d'être mis, à cause de
cette propriété précieuse, à la tête de toutes les autres
pierres : la possession du feu est en effet le premier
principe de la puissance de l'homme. Mais aujourd'hui,
grâce aux perfectionnements de l'industrie, nous jouis-
sons d'un grand nombre de procédés producteurs du
feu, plus prompts et plus commodes que le jeu du briquet. La théorie en est très-simple : l'acier, en glissant
rapidement contre les aspérités du quartz, s'y déchire
avec un frottement considérable ; ce frottement produit
un développement de chaleur qui élève jusqu'au rouge
les petites particules qui se détachent de l'acier ou du
quartz, et en recevant sur un corps facilement combus-

tible, comme l'amadou ou le linge brûlé, ces éclats ardents qui jaillissent sous forme d'étincelles, on se procure en un instant une source de feu. On recherche pour les pierres à feu une variété de quartz que l'on nomme Silex. On trouve ces silex, par petites masses informes, accumulées par lits au milieu des terrains de craie.

Le Jaspe est une variété de quartz qui se distingue par sa cassure terne et son opacité parfaite. Cette particularité tient à la présence d'une petite quantité d'argile qui se trouve intimement mélangée avec la substance principale. Les couleurs du jaspe ne sont pas souvent éclatantes ; elles sont ordinairement rembrunies, et causées par l'oxyde de fer. On l'emploie pour fabriquer des plaques d'ornement, des socles, des tabatières et d'autres objets de fantaisie. On s'en sert aussi dans les mosaïques, à cause de la fixité de ses couleurs. Les jaspes communs sont d'un brun plus ou moins intense ; les jaspes jaunes et rouge de brique sont aussi assez abondants ; le jaspe vert, ainsi que le jaspe blanc, sont rares ; les plus précieux sont les jaspes rubannés, veinés ou tigrés. Le jaspe rubanné de Sibérie est formé de veines droites et bien tranchées, alternativement brunes et vertes. Le jaspe d'Oberstein est jaune, tigré de noir ; le jaspe égyptien est jaune chamois, et semé de taches brunes très-variées, et de figures bizarres. Enfin, il y a des jaspes qui présentent à leur surface différentes sortes d'arborisations.

On donne le nom d'Agate à des variétés de quartz dont la pâte est fine, onctueuse et susceptible d'un beau poli, à demi transparente, colorée de nuances vives et délicates, généralement variées dans le même échantillon.

On rencontre les agates, comme les silex, sous forme
de rognons mamelonnés; ces rognons sont composés de
couches concentriques, diversement contournées, et distinctes, soit par un changement de nuance, soit par un
changement de translucidité; leur intérieur est quelquefois creux et tapissé de cristaux. Ils se trouvent dans
des roches de porphyre ou dans des déjections volcaniques. La plus grande partie des agates qui circulent
dans le commerce vient d'Oberstein, près de Deux-Ponts.
On en fabrique des cachets, des boucles d'oreilles, des
tabatières et divers autres objets de peu de valeur. On
fait quelque cas de celles qui présentent, dans leur intérieur, des arborisations ou des ramifications semblables
à des mousses; ces accidents ne sont pas dus à des végétaux, comme il le semble au premier coup d'œil, mais
à des infiltrations minérales. Les plus belles variétés
sont réservées pour un emploi plus digne et plus utile :
on s'en sert pour graver des sujets d'art, qui, en vertu
de l'inaltérabilité et de la dureté de la substance sur laquelle ils sont exécutés, peuvent être regardés comme
de véritables monuments. Les anciens nous ont laissé
en ce genre des travaux admirables, auxquels la main
du temps a été incapable de porter la plus légère atteinte,
et qui semblent destinés à traverser, avec la même puissance, les âges qui se succéderont jusqu'à la postérité
la plus reculée. L'importance de ce service nous invite
à dire quelques mots des principales variétés qui ont
le privilége d'y être appliquées.

   Les Onyx sont des agates rubannées en deux ou trois
couleurs par zones très-fines, et quelquefois réunies au
nombre de cinq ou six, sur une très-petite épaisseur.
Cette disposition est extrêmement favorable pour le tra-

vail de l'artiste, qui, en fouillant plus ou moins profondément dans la pierre, détache les diverses figures de son relief, ou même les diverses parties de ses figures, comme le visage, la chevelure, les vêtements, sur des zones de teintes différentes, mêlant ainsi le charme du coloris à celui de la forme. Un des plus beaux et des plus célèbres camées que l'antiquité nous ait laissés, l'Apothéose d'Auguste, est gravé sur un onyx brun et blanc à quatre couches. Les onyx étant tantôt à couches planes et tantôt à couches ondulées, on peut les mettre en œuvre, non-seulement en médaillons, mais en coupes et en vases : c'est, en effet, ce que les anciens ont souvent fait.

Les Calcédoines sont des agates fort recherchées, et sur lesquelles on a gravé des sujets du plus grand prix. Elles sont définies par leur couleur, qui est le blanc laiteux ou le blanc bleuâtre : le degré de leur translucidité est variable.

Les Cornalines ont une couleur qui varie du rose au rouge cerise plus ou moins foncé ; elles sont à demi transparentes, et sont propres à recevoir un très-beau poli. Les plus estimées sont celles qui sont d'un rouge vif ; elles viennent du Japon, et leur prix est beaucoup plus élevé que celui des cornalines ordinaires, qui sont un objet assez vulgaire. La quantité de cornalines gravées que nous ont laissées les anciens atteste que cette pierre jouissait chez eux d'une grande faveur.

On réunit sous le nom de Sardoines toutes les agates dont la couleur est d'un brun plus ou moins foncé ; elles présentent quelquefois des zones concentriques légèrement distinctes : les plus belles sont d'une nuance marron.

5

Enfin, on donne le nom de Prases aux agates vertes.
Celles-ci viennent de Silésie, et sont aujourd'hui assez
souvent employées pour faire des parures. On a des camées qui sont exécutés sur une très-belle variété d'un
vert d'herbe foncé.

Le Cristal de roche ou quartz hyalin, est du quartz
dans son plus grand état de pureté ; il ressemble parfaitement à du beau cristal, mais il est plus léger, et il a
l'avantage d'être beaucoup plus dur. Le plus blanc, le
plus étincelant vient de Madagascar, mais on en exploite
dans les Alpes, dans le Dauphiné et dans d'autres montagnes, qui jouit, à très-peu près, de la même beauté ; il
est déposé dans des filons. Les fleuves en roulent souvent
des cailloux qui ont été entraînés par eux hors de leur
position primitive : tels sont les cailloux connus sous le
nom de diamants du Rhin, d'Alençon, de Médoc, etc. On
en fait des boutons, des cachets, des coupes, des garni-
tures de lustres ; mais en général on le travaille fort peu,
parce que son effet est tout au plus égal à celui du cristal,
et que son prix, à cause de la difficulté de la main-d'œuvre, est infiniment plus élevé que celui de la cristallerie
ordinaire.

Le cristal de roche est quelquefois teint par des substances étrangères, qu'il semble tenir en dissolution,
et qui lui communiquent leur couleur, sans nuire à sa
parfaite diaphanéité. Il rivalise alors avec les pierres
précieuses, auxquelles il est toujours néanmoins fort
inférieur, sous le double rapport de l'éclat et de la
dureté.

L'Améthyste est du quartz coloré en violet par de
l'oxyde de manganèse : on l'emploie dans la joaillerie et
dans la gravure sur pierre. Le quartz rose ressemble un

peu au rubis ; aussi est-il connu sous le nom de rubis de
Bohême, parce qu'il vient ordinairement de ce pays. Le
quartz rouge vient d'Espagne ; les joailliers le nomment
hyacinthe de Compostelle. Le quartz jaune arrive du
Brésil : on le nomme topaze occidentale. Le quartz vert
ou Améthyste verte est apporté du Brésil, de la Bohême,
de la Finlande ; il est d'un vert poireau, et d'une transparence un peu trouble.

Certaines variétés sont recherchées à cause des reflets
changeants qu'elles présentent, et qui sont dus à de
petites fissures dont leur intérieur est criblé. La plus
précieuse de toute est l'Opale. Cette pierre, si l'on ne
consultait que sa valeur commerciale, mériterait d'être
rangée au nombre des pierres fines : c'est un quartz
combiné avec une petite quantité d'eau. Il est légèrement
bleuâtre, d'une translucidité incertaine, et lance des reflets si éclatants et si magnifiques, qu'on ne saurait les
comparer qu'à des rayons de flammes. La plupart des
opales viennent de Hongrie. La plus belle espèce est
l'opale orientale : une de ces pierres d'un centimètre de
diamètre, vaut communément 1,000 francs. C'est certainement une des pierres sur lesquelles l'œil éprouve
le plus de plaisir à considérer les jeux de la lumière.

Le feldspath offre quelques variétés compactes connues sous le nom de Jade, qui ont de l'analogie avec le
jaspe ; on les travaille surtout en Orient, et on les applique aux mêmes usages que le jaspe. Les pierres feldspathiques sont moins dures et un peu plus translucides
que celles du quartz. Il y a aussi un feldspath chatoyant,
appelé par les minéralogistes et les amateurs de curiosités pierre de Labrador ; mais les tables que l'on en fait
sont toujours ternes, sombres, faiblement miroitantes

et de peu d'effet. Le chatoiement est produit par des fissures, comme dans l'opale, mais il paraît bien pauvre quand on le compare à celui de cette belle pierre.

DES PIERRES FINES

Le diamant est la pierre fine par excellence, et cependant, en toute rigueur, son histoire ne devrait pas se trouver dans ce chapitre, mais bien dans celui que nous consacrons à l'étude du charbon. Le diamant, en effet, n'est autre chose que le charbon pur : il n'est point incombustible comme les autres pierres ; il brûle, au contraire fort bien lorsqu'on l'expose à une température élevée, s'évanouit, sans laisser aucun résidu, et donne naissance à de l'acide carbonique que l'on peut recueillir, et duquel, par la décomposition chimique, on peut tirer une quantité de charbon noir et pulvérulent exactement du même poids que le diamant soumis à l'expérience. Le diamant est à la fois le plus dur et le plus brillant de tous les corps : c'est là ce qui fait sa haute valeur dans la bijouterie ; sa dureté, dont aucun autre corps ne triomphe, devient la sauvegarde de son poli et de son éclat, qui sont inaltérables. On en fait d'artificiels qui sont aussi très-étincelants, mais que la moindre poussière raye ; ils ne peuvent lutter avec le vrai diamant que quelques jours, et ils n'ont point, comme lui, le privilége de vieillir sans rien perdre de leur beauté et de leur prix.

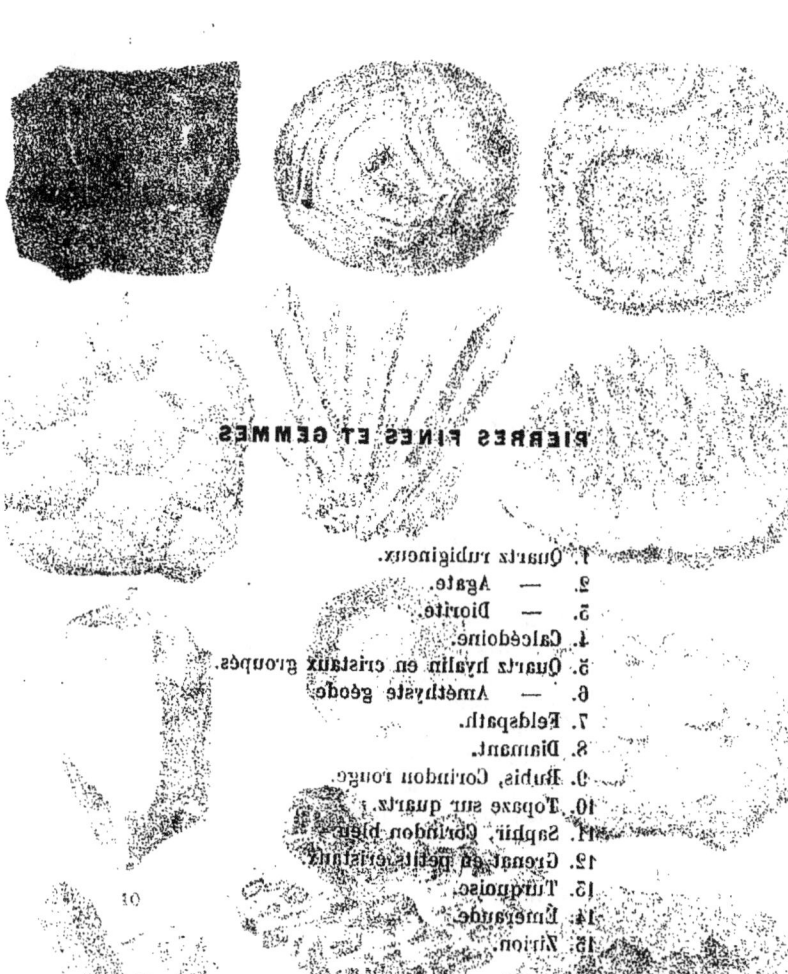

PIERRES FINES ET GEMMES

1. Quartz rubigineux.
2. — Agate.
3. — Diorite.
4. Calcédoine.
5. Quartz hyalin en cristaux groupés.
6. — Améthyste géode.
7. Feldspath.
8. Diamant.
9. Rubis, Corindon rouge.
10. Topaze sur quartz.
11. Saphir, Corindon bleu.
12. Grenat en petits cristaux.
13. Turquoise.
14. Émeraude.
15. Zirion.

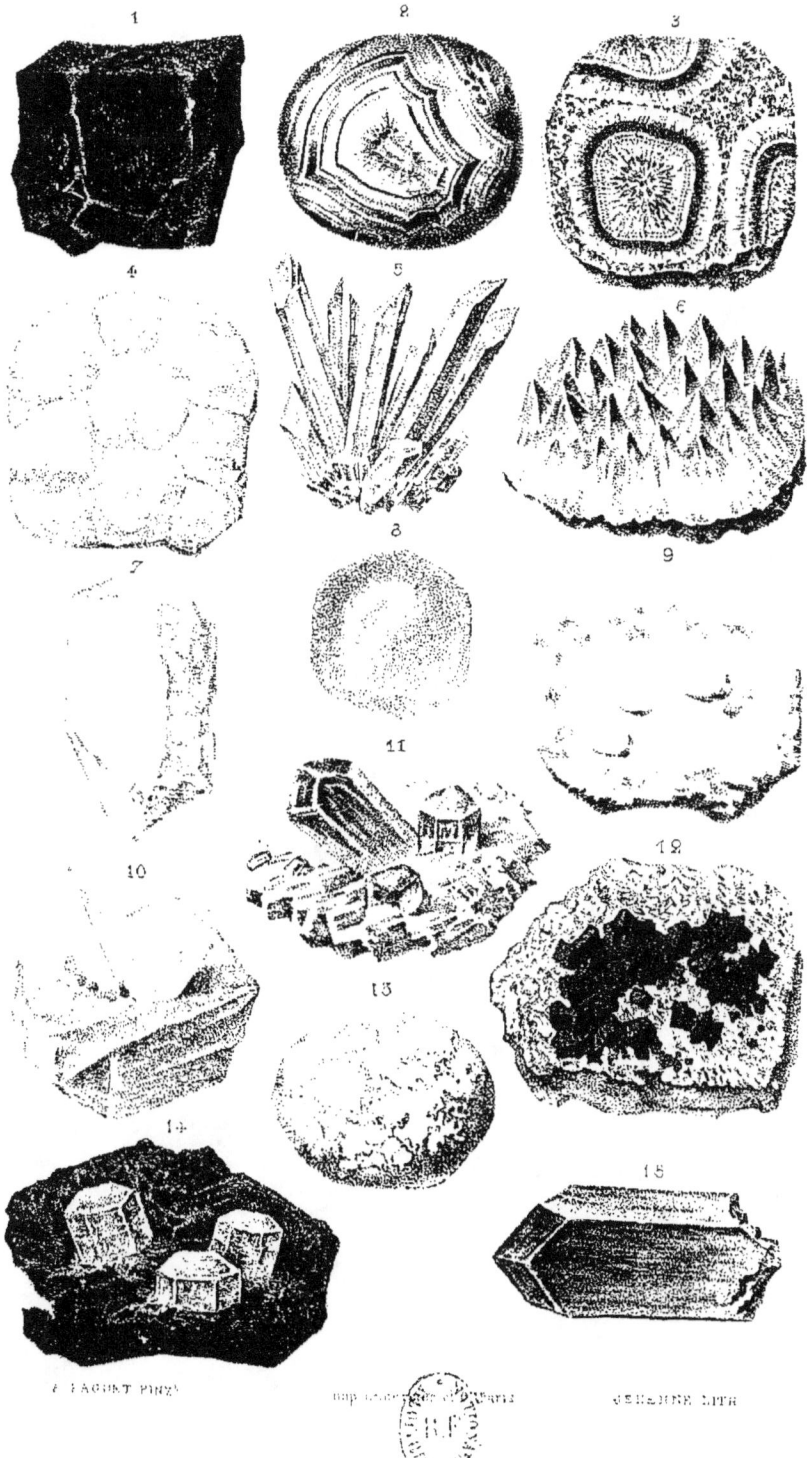

Le diamant est en général parfaitement transparent et incolore ; la lumière le traverse librement, s'y réfracte, en ressort brisée par les facettes ménagées à sa surface, et se répand en gerbes colorées semblables aux rayons de l'arc-en-ciel. Exposé pendant quelque temps aux rayons du soleil, le diamant semble se mettre en équilibre avec lui, et lorsqu'on le transporte dans l'obscurité, il conserve pendant quelque temps la propriété lumineuse. Il arrive quelquefois que, par des mélanges accidentels, il se trouve chargé d'une teinte légère et à peine sensible de rose, de jaune, de bleuâtre ou même de brun. Ces nuances nuisent à sa qualité, et le font moins estimer.

Il se distingue des autres pierres fines incolores par sa dureté, et aussi par la nature particulière de son éclat, qui a quelque chose de gras ; sa pesanteur spécifique est considérable, mais inférieure toutefois à celle de divers autres gemmes.

Le diamant doit tout son prix au travail de l'homme ; dans son état naturel, ce n'est qu'un petit caillou à surface brute et raboteuse, presque toujours terne et grisâtre. Ses formes cristallines, habituellement arrondies et dépourvues de toute netteté, se rapportent à l'octaèdre ou à ses dérivés, et notamment au dodécaèdre. Il est susceptible de se cliver, c'est-à-dire de se laisser fendre suivant des plans parallèles aux faces de l'octaèdre. Son gisement est dans les plus anciens terrains qui se soient formés sur la croûte de notre globe ; mais ce n'est point dans ces roches dures que l'on va le chercher : le travail nécessaire à son exploitation y serait impraticable. On le ramasse dans les terrains d'alluvion provenant de la désagrégation de ces roches et du transport de leurs

débris par les eaux. Dans ces terrains, qui ne sont autre
chose qu'une sorte de terre sableuse occupant le fond
des vallées dans certaines contrées, le diamant se trouve
associé à des paillettes d'or, à diverses autres pierres
précieuses, et à des grains nombreux d'oxyde de fer,
provenant comme lui de la décomposition des roches
anciennes.

L'opinion commune a été pendant longtemps que ce
minéral était spécialement affecté aux riches contrées de
l'Inde, mais on sait maintenant qu'il en existe dans
toutes les parties du monde. Dans l'Inde, il se trouve
principalement dans les provinces de Golconde et de
Visapour, appartenant à la presqu'île du Dekhan, dans
le Boundelcound, et dans divers autres points plus ou
moins voisins du Bengale. Les plus beaux diamants sont
sortis des mines de Gani. L'île de Bornéo renferme également des diamants dans divers districts; ils sont aussi
beaux que ceux de l'Inde, et circulent dans le commerce
avec la même valeur. Les anciens, comme on le sait par
le témoignage de Pline, en tiraient d'Afrique; ils for-
maient un des objets du trafic des Carthaginois; leur
gisement qui avait été entièrement perdu a été retrouvé
dans les vallées de l'Atlas, depuis la conquête de la
province d'Alger. Enfin, dans ces derniers temps, on a
découvert des diamants sur le continent européen, dans
les montagnes de l'Oural. Le Brésil est une des contrées
qui en fournit le plus : les premiers que l'on y ait découverts le furent au commencement du dernier siècle
par les colons de la Capitainerie de Saint-Paul ; ceux-ci
les possédèrent pendant quelque temps comme des curiosités, et sans connaître leur prix. Mais bientôt le
Portugal, éclairé sur leur vraie nature, commença l'ex-

ploitation du terrain qui les tenait cachés. On estime à
plus de soixante livres la quantité de diamants que
l'exploitation produisit dans les vingt premières années;
elle est aujourd'hui encore fort étendue Un négociant
anglais, M. Mawe, qui a récemment visité le Brésil, nous
a fourni sur ce sujet d'intéressants détails.

La terre de laquelle on extrait les diamants porte le
nom de *carcalho*; elle provient d'une chaîne de montagnes assez élevées, et couvre un canton de cent vingt
lieues carrées, aux environs de la ville de Tejaco. On
extrait le carcalho du fond même des rivières où il a
déjà subi un premier lavage, qui l'a rendu plus riche;
on le transporte de là dans de vastes ateliers destinés
aux lavages particuliers; il y est remué avec des espèces
de râteaux sur de grandes tables inclinées, à la partie
supérieure desquelles arrive un courant d'eau continuel; après un quart d'heure environ, toutes les parties
terreuses sont enlevées, et il ne reste plus que le gros
gravier, dont on fait le triage à la main, afin d'en séparer les diamants. Ce sont des nègres qui sont chargés
de ce travail; ils sont intéressés à son succès par des
primes qu'on leur accorde en raison des diamants qu'ils
découvrent; celui qui en trouve. un de dix-sept karats
est mis en liberté; c'est assez dire que les diamants de
cette taille sont fort rares au Brésil. Des inspecteurs
sont chargés de surveiller constamment, avec la plus
grande attention, les ouvriers chargés d'une tâche si
délicate, et où la fraude est si facile; mais cela n'empêche pas le commerce de contrebande d'être fort bien
nourri, et par les plus beaux échantillons. On estime
que le diamant revient, terme moyen, au gouverne-
ment, à environ 48 francs le karat brut. La richesse

des mines semble diminuer depuis quelques années.

Les anciens n'ont point connu l'art de travailler les diamants; ils les portaient dans leur état brut, en les disposant de manière à ce que les pointes des cristaux fussent en saillie. Vers le milieu du quinzième siècle, un joaillier de Bruges, Louis de Berghem, trouva le moyen de les tailler et de les polir en les frottant avec leur propre poussière : c'est de cette époque que date l'origine de leur splendeur. Ils sont maintenant estimés, proportion gardée, au-dessus de toutes les autres pierres précieuses. Leur prix augmente singulièrement avec leur grosseur, pour des diamants de même qualité; il est à peu près convenu qu'il est proportionnel au carré du poids; ainsi un diamant d'un karat taillé valant 250 francs, un diamant de même qualité de dix karats vaudra $10 \times 10 \times 250$ francs, c'est-à-dire 25,000 francs.

Les plus magnifiques échantillons que l'on connaisse de ce riche minéral, sont celui du Grand-Mogol, pesant deux cent soixante-dix-neuf karats et demi, et ayant environ quarante millimètres de diamètre; celui de l'empereur de Russie, pesant cent quatre-vingt-quinze karats; celui de l'empereur d'Autriche, de cent trente-neuf karats; celui de la couronne de France, de cent trente-six karats, acheté au commencement du dix-huitième siècle deux millions deux cent cinquante mille francs par le Régent, dont il a pris le nom, est estimé par les amateurs au double de ce prix. On voit, d'après cela, que les diamants sont toujours des minéraux fort peu massifs. Les plus petits servent à faire de la poussière de diamant pour les joailliers, ou des instruments pour couper le verre ou pour forer les agates et quelques autres substances.

Le Saphir ou Corindon prend, parmi les pierres fines, le premier rang après le diamant. De même que celui-ci, il doit tout son prix à son état particulier de cristallisation et à la rareté avec laquelle il est disséminé dans les terrains qui le contiennent. Rien n'est plus commun que ce minéral dépourvu de son éclat et de sa forme; ce n'est rien autre que la terre connue en chimie sous le nom d'alumine, et formant la base de l'argile et de l'alun; c'est le caillou connu dans l'industrie sous le nom d'émeri, et servant à donner le poli aux corps durs. Le saphir est simplement de l'alumine cristallisée. Il raye tous les corps, excepté le diamant. Ses formes cristallines dérivent du prisme à six faces régulières.

Il est bien plus riche en variétés que le diamant. A l'état de pureté, blanc et translucide comme lui, il peut le remplacer. Mélangé accidentellement avec divers oxydes métalliques, toujours disséminés en très-petites proportions, il contracte les teintes les plus vives et les plus diverses, et constitue, pour ainsi dire, autant de pierres précieuses différentes. Les principales, outre le saphir blanc, sont le saphir rouge ou *rubis oriental* des lapidaires, une des pierres les plus riches et les plus estimées; le saphir vermeil ou rubis calcédonieux; le saphir jaune ou topaze orientale; le saphir violet ou améthyste orientale; le saphir vert ou émeraude orientale; le saphir bleu ou saphir bleu clair, saphir bleu barbot, saphir bleu indigo; le saphir à reflets ou le saphir girasol, lançant des reflets composés très-vifs, d'une teinte rouge et bleue; le saphir chatoyant, avec des reflets nacrés, et le saphir astérie, présentant des reflets argentés qui se divisent en un étoile à six rayons perpendiculaires à l'axe de la pierre. La même substance

présente donc les apparences les plus diverses. Les oxydes auxquels sont dues ces teintes brillantes sont ceux
de fer, de chrome, de nickel, de manganèse; ces oxydes
se mêlent aux autres pierres dures aussi bien qu'au saphir, et de là vient que les mêmes couleurs se trouvent
appartenir à des pierres d'une nature fort différente.
Souvent ces couleurs sont tellement fugaces, qu'elles
changent entièrement quand on expose les pierres qui
les possèdent à une chaleur même modérée.

On trouve les saphirs comme les diamants dans le
sable de certains ruisseaux; mais leur gisement originaire est aussi dans les roches cristallines anciennes.
Les plus beaux viennent de l'Inde, de Ceylan, du Pegu;
on en trouve aussi en Bohême et en France. Les variétés
grossières et non cristallisées, connues sous le nom
d'émeri, existent en grandes masses dans les terrains
anciens, associées avec d'autres minéraux, tels que le
talc, le fer oxydé, etc. On les exploite en grand pour
les besoins de l'industrie; on en tire de l'île de Naxos,
de l'Estramadure en Espagne, et de quelques autres
localités; celui qui vient de la Chine, et qui est un corindon beaucoup plus voisin de l'état de dureté que
ceux-ci, est aussi dur et plus recherché. L'émeri est
employé dans l'industrie pour tailler et polir les substances dures; on le divise en qualités plus ou moins
ténues, suivant l'effet que l'on veut obtenir. Bien différent du brillant saphir, il ne se vend guère que 2 francs
le kilogramme.

Le Rubis Spinelle est une combinaison d'alumine et
de la terre nommée magnésie. Il est beaucoup plus dur
que le quartz, mais beaucoup moins que le saphir. Les
formes naturelles de ses cristaux sont l'octaèdre et le

dodécaèdre. Sa couleur par excellence est le rouge rosé ;
elle ne varie qu'entre le rose et le pourpre, et provient
de la présence d'un peu de chrome. Il y en a une autre
variété, le spinelle pléonaste, qui est de couleur noire
ou très-foncée, il est à peu près sans emploi dans la
bijouterie.

Le rubis paraît appartenir aux terrains de micaschiste. On le recueille dans le lit des torrents à Ceylan
et dans le Pegu ; mais on en possède des échantillons encore engagés dans la roche originaire. Le spinelle pléonaste est beaucoup plus abondant que le rubis
rouge.

Les rubis sont fort estimés dans le commerce de la
joaillerie : on peut considérer leur prix comme environ
moitié de celui des diamants. On leur affecte spécialement le nom de rubis balai et de rubis spinelle ; on les
distingue du saphir rouge, nommé rubis oriental par
les lapidaires, par leur dureté qui est moindre, et de la
topaze brûlée nommée rubis du Brésil, parce que cette
dernière pierre s'électrise par la chaleur. Quant aux
grenats, leur teinte est toujours plus violacée.

La Topaze est une combinaison d'alumine, de silice et
d'acide fluorique. Ses formes dominantes sont un prisme
rhomboïdal, ou un prisme hexaèdre. Elle est rayée par
le rubis, et s'électrise fortement par le frottement et par
la chaleur.

Sa couleur par excellence est le jaune, tantôt pâle,
tantôt très-foncé. Elle est susceptible cependant d'affecter diverses autres couleurs, qui en font, pour l'art du
lapidaire, autant de variétés. On en trouve d'incolores
connues sous le nom de gouttes d'eau, qui remplacent,
jusqu'à un certain point, le diamant. Il en existe de

bleues et de violettes qui viennent du Brésil, mais qui
sont extrêmement rares. La topaze jaune roussâtre, que
l'on trouve aussi au Brésil, jouit de la propriété de
changer sa couleur contre un rose plus ou moins vif
lorsqu'on la chauffe à une chaleur modérée : elle offre
alors, sous le rapport de son effet, beaucoup d'analogie
avec le rubis.

Les topazes se rencontrent dans des terrains de granite, empâtées dans du quartz et dans du feldspath, et
dans diverses autres roches anciennes. De même que
la plupart des gemmes, on les recueille dans le sable des
ruisseaux ; elles ne sont pas rares, mais il faut faire un
triage pour séparer celles qui sont d'une belle eau de
celles qui sont sans valeur. On en trouve au Brésil, en
Saxe, en Angleterre, en Russie, à la Nouvelle-Hollande.
Une topaze de la plus belle eau, de deux centimètres de
diamètre, vaut environ 250 francs : les petites n'ont pas
grand prix. On emploie les topazes, non-seulement pour
la bijouterie ordinaire, mais encore pour la gravure en
creux ou en relief.

L'Émeraude est une combinaison de silice, d'alumine
et d'une terre nommée glucine. Ses formes cristallines les
plus habituelles sont le prisme à six pans, plus ou moins
modifié. On trouve dans le Limousin de ces cristaux qui
ont plus de 25 centimètres de longueur ; mais leur opacité leur ôte tout leur prix. Les cristaux translucides sont
en général de très-petites dimensions. Ils sont rayés par
les topazes. Leur couleur par excellence, qui est le vert,
est due à l'oxyde de chrome ; mais il existe aussi des
émeraudes de diverses autres couleurs ; il y en a de
blanches, de jaunes, de bleues, connues sous le nom de
Béril, de vert pâle, sous celui de Aigues-marines. Il y en

a enfin qui possèdent une belle teinte verte chatoyante, et qui sont fort estimées.

Les aigues-marines viennent des montagnes centrales de l'Asie, ainsi que des monts Ourals ; on les trouve dans le granite. Les émeraudes vertes viennent du Pérou, où elles sont engagées, soit dans le granite, soit dans le schiste. Les émeraudes chatoyantes viennent de la haute Égypte, où elles sont disséminées dans une roche de micaschiste.

Les émeraudes limpides et d'une belle teinte, connues sous le nom d'émeraudes nobles, sont extrêmement recherchées dans le commerce : on les paye jusqu'à 5 ou 400 francs le karat. Les aigues-marines sont beaucoup moins précieuses.

Il existe une autre combinaison de silice, de glucine et d'alumine, qui est connue sous le nom de Cymophane, et qui est fort estimée dans la joaillerie ; elle raye l'émeraude, et possède presque la dureté du saphir. Elle est d'un vert jaunâtre, et vient de l'Asie et du Brésil.

Le Zircon est une combinaison de silice et de la terre nommée zircone. Ses cristaux sont des octaèdres ou des prismes droits. Leur éclat n'est pas très-vif, mais il a quelque chose de gras qui rappelle un peu le diamant. Aussi les lapidaires donnent-ils le nom de *diamants bruts* aux variétés blanches. Les zircons ont beaucoup de peine à rayer le quartz ; ce peu de dureté, joint à leur peu d'éclat, fait qu'ils sont peu recherchés dans la bijouterie. Leur teinte ordinaire est le rouge plus ou moins foncé. On ne les emploie que lorsque leur teinte est bien franche ; on les désigne alors sous le nom d'Hyacinthe, nom commun également à quelques variétés de grenat.

On les trouve dans les terrains anciens ainsi que dans les terrains volcaniques ; les sables de certains ruisseaux en renferment des quantités considérables. Leur valeur, même lorsqu'ils sont beaux, n'est pas fort grande.

Les Grenats sont des minéraux d'une composition assez variable ; en général, on peut les regarder comme une combinaison de silice, d'alumine ou de peroxyde de fer, avec de la chaux, de la magnésie, etc. On les trouve cristallisés en dodécaèdres rhomboïdaux et en trapézoèdres : ces cristaux sont souvent arrondis. Ils ne sont pas très-durs, mais rayent cependant le quartz. Ils sont rarement diaphanes, et presque toujours d'une faible translucidité. Leur couleur principale est le rouge sombre. Cependant on en trouve d'un beau rouge coquelicot, qui sont les escarboucles des lapidaires, de vermeils qui sont les grenats nobles, de pourprés dits syriens, d'orangés dits hyacinthes ; enfin il y en a qui présentent une étoile rayonnante à six rayons, et que l'on désigne sous le nom de grenats astéries.

Les grenats sont très-répandus dans la nature : on les trouve disséminés dans les roches anciennes ou réunis dans les filons, principalement dans les gneiss, les terrains de talc et de micaschiste, même dans les grès et le calcaire, dans les terrains volcaniques et dans ceux d'alluvion. Les cristaux atteignent souvent la grosseur du poing, mais ceux qui sont assez beaux pour servir à la bijouterie sont beaucoup moins volumineux.

Les grenats syriens, lesquels ne viennent pas de Syrie, mais du Pegu, sont les seuls qui aient véritablement quelque prix. Les grenats communs, comme ceux de Bohême et de Silésie, sont employés à la fabrication de colliers et de chapelets : on ne les estime guère qu'à trente ou quarante francs le kilogramme. On s'est fréquemment servi du grenat pour la gravure en pierres fines : il en existe de fort belles pièces dans les collections.

Il y a encore diverses autres pierres qui sont quelquefois employées dans la bijouterie à cause de la vivacité de leurs couleurs; mais comme elles sont moins dures que le quartz, et par conséquent de peu de durée, elles n'ont qu'une faible valeur. Telles sont l'Idocrase d'une teinte verte ou orangée; le Péridot et l'Épidote d'un vert olive : le Disthène d'un beau bleu; la Tourmaline qui offre une très-riche variété de nuances, le rouge, le rose, le jaune, l'orangé, le vert et le bleu. Cette dernière pierre a malheureusement peu de dureté et se dépolit promptement; mais lorsqu'elle est fraîchement taillée, elle jouit du plus bel aspect, et se donne souvent par fraude pour les pierres de même teinte, mais beaucoup plus précieuses, dont nous avons parlé plus haut.

La Turquoise est une pierre bleue d'une charmante nuance, mais complétement dénuée de transparence ; elle est d'un emploi assez fréquent dans la joaillerie. Il y en a de deux sortes : la Turquoise Pierreuse ou Orientale, qui est d'un bleu céleste tirant quelquefois un peu sur le vert céladon ; c'est la pierre précieuse : elle vient de Perse. C'est une combinaison de silice et d'oxyde de cuivre ; elle raye le verre. La Turquoise Osseuse ou Occidentale n'est autre chose que de l'ivoire fossile coloré par du phosphate de fer : examinée de près, cette pierre laisse très-bien distinguer le détail du tissu animal dont elle est formée; les acides l'attaquent et le feu la décompose. Elle est aussi d'un bleu moins beau que la Turquoise Orientale. On en trouve en France et en Allemagne ; et, avant que les lapidaires ne lui aient fait perdre sa forme naturelle, on peut constater, sans qu'il y ait à cet égard aucun doute, qu'elle provient de fragments d'os plus ou moins altérés. Une turquoise pierreuse d'un centimètre vaut environ 800 francs ; une turquoise osseuse de même dimension ne vaut guère que le quart de cette somme.

Le meilleur caractère que l'on puisse employer pour distinguer les pierres fines les unes des autres, et éviter ainsi des fraudes ou des erreurs qui ne sont que trop fréquentes, est celui de la densité. Il suffit de les peser alternativement dans l'air et dans l'eau, et de tenir compte de la perte de poids qu'elles éprouvent dans cette seconde pesée. M. Brard, qui s'est beaucoup occupé de ce qui a rapport à cette délicate industrie, a calculé des tables fort commodes pour les joailliers, qui donnent les poids comparatifs pour chaque espèce de pierre, depuis un gramme jusqu'à cent. Nous résumerons ce que nous avons dit des pierres fines en les rassemblant ici par groupes de même couleur, et en indiquant les pertes respectives qu'un échantillon pesant un gramme dans l'air, éprouve lorsqu'on le pèse dans l'eau.

Pierres incolores. Un zircon blanc pesant un gramme dans l'air, pèse dans l'eau 0,775 ; un saphir, 0,766 ; une topaze, 0,716 ; un diamant, 0,715 ; un quartz, 0,611. Le diamant et la topaze éprouvant à peu près les mêmes pertes, il faut, pour les distinguer, appeler à son aide, soit la dureté, soit encore plutôt l'électricité par la chaleur, caractère qui n'appartient pas au diamant.

PIERRES ROUGES. Un saphir rouge d'un gramme pèse dans l'eau 0,766 ; un grenat, 0,750 ; un rubis, 0,722 ; une topaze brûlée, 0,716 ; une tourmaline, 0,690.

PIERRES BLEUES. Saphir bleu, 0,766 ; disthène, 0,717 ; topaze, 0,716 ; tourmaline, 0,690 ; émeraude, 0,633.

PIERRES VERTES. Saphir vert, 0,766 ; péridot, 0,708 ; tourmaline, 0,690 ; émeraude et aigue-marine, 0,633.

PIERRES JAUNES. Zircon, 0,775 ; saphir, 0,766 ; cymophane, 0,738 ; topaze, 0,716 ; tourmaline, 0,690 ; émeraude, 0,633 ; quartz, 0,611.

PIERRES VIOLETTES. Saphir, 0,766 ; tourmaline, 0,690 ; quartz améthyste, 0,611.

PIERRES BRUN ROUGEATRE OU JAUNATRE. Zircon, 0,775 ; grenat, 0,750 ; tourmaline, 0,690.

PIERRES CHATOYANTES. Saphir, 0,766 ; grenat, 0,750 ; cymophane, 0,738 ; émeraude, 0,633 ; quartz, 0,611 ; feldspath, 0,592.

CHAPITRE DEUXIÈME

LES TERRES

DE LA TERRE EN GÉNÉRAL

On désigne généralement sous le nom de *terre* une substance minérale, friable, incombustible, se mêlant facilement avec l'eau, du reste diversement composée. Ce nom, qui n'est point assez rigoureusement défini pour être employé dans la science, s'accommode toutefois si bien aux besoins de la vie pratique, qu'on s'en sert partout et à tout instant, et qu'on le retrouve avec la même acception dans les langues de presque tous les peuples.

Aucune substance minérale ne paraît, à première vue, plus abondante sur la planète que nous habitons, et l'on a même appliqué son nom, par extension, à la masse totale de ce globe ; elle couvre en effet presque toute la surface des continents et des îles, et il n'y a guère que quelques cimes de montagnes ou quelques saillies de

rochers qui en soient dégarnies, et qui montrent à nu
la véritable écorce de la terre. L'épaisseur de cette terre
superficielle est quelquefois considérable ; et, outre
cela, il s'en trouve encore quelquefois certaines couches
au-dessous des roches qui forment le fonds de la campagne.

Les bienfaits dont la terre nous comble d'elle-même
et sans travail de notre part, et les richesses que nous
en tirons par notre industrie sont immenses. Les forêts,
qui nous donnent les bois dont nous nous chauffons, et
que nous consacrons à nos constructions et à nos meubles ; les herbes, qui constituent les pâturages et les
réserves destinées à nos animaux pendant l'hiver; les
fruits, qui fournissent à notre nourriture ces biens si
variés et si nombreux, sortent journellement de son
sein, et se renouvellent à mesure que nous les épuisons.
Les champs, les jardins, les vergers, les vignes, trouvent
en elle leur premier fonds, et c'est ce fonds qui forme
l'admirable atelier dans lequel l'homme vient associer
sa puissance de création à celle de la nature. Les anciens, pleins de reconnaissance pour la terre, en avaient
fait, sous un symbole mythologique, la mère des dieux
et des hommes. C'est elle, en effet, qui donne naissance
à Pan, le dieu des forêts, à Cérès, la déesse des mois-
sons, à Bacchus, le dieu du vin, à Pomone, la déesse
des fruits, à Flore et à tant d'autres divinités bienfaisantes : c'est elle qui nous entretient durant notre vie,
et qui, après notre mort, donne asile dans ses entrailles
à notre dépouille mortelle.

Enfin, l'industrie manufacturière, qui, dans les temps
modernes, a pris une si grande part dans les travaux
de l'humanité, rencontre dans la terre, aussi bien que

l'agriculture, une multitude de ressources qu'elle exploite. Les tuiles qui couvrent nos maisons, les carreaux et les briques qui occupent tant de place dans nos maçonneries, sont de la terre. Notre vaisselle et tous ces ustensiles divers, complément indispensable du foyer domestique pour le riche comme pour le pauvre, ne sont également que de la terre. La porcelaine elle-même, cette splendide et délicate poterie, qui n'a cessé d'exciter notre admiration qu'en se multipliant et descendant à la portée de tous les rangs, n'a pas d'autre origine que cet élément, à la fois si productif, si varié, si propre à toutes les façons et à tous les genres de services.

DE LA TERRE VÉGÉTALE

Le rôle de la terre proprement dite, dans l'acte de la végétation, est beaucoup plus simple qu'on ne le croit communément; elle agit simplement comme un massif spongieux qui abrite les racines du végétal, les retient fixement sans les meurtrir, et forme le réservoir de l'eau, des fluides et des divers sucs destinés à être absorbés par elles. Quand on la considère à la loupe, on voit qu'elle n'est autre chose qu'une agglomération confuse de particules de toutes sortes de roches désagrégées ou décomposées. Ces particules étant, en général, peu dhérentes les unes aux autres, le chevelu des racines se glisse entre leurs interstices, s'y fait place à mesure qu'il grossit, et y puise les substances nutritives qui s'y sont infiltrées de leur côté. Il faut donc que la terre ne soit pas trop consistante, car autrement les plantes et leurs aliments ne pourraient ni y pénétrer ni s'y mouvoir facilement ; et il faut cependant qu'elle le soit suffisamment, sans quoi les plantes n'obtiendraient pas une stabilité suffisante, et sans quoi aussi les liquides passeraient au travers sans s'y arrêter, et sans profiter à la végétation. Le rôle de la terre à l'égard des végétaux, quoique essentiel à leur existence, et fondamental à tous égards, est cependant tellement passif qu'elle ne leur abandonne absolument rien de sa propre substance ; on a fait germer des plantes dans du sable blanc parfaitement pur, et même dans du verre pilé ; moyennant un arrosage convenable, elles s'y sont développées et y sont parvenues à croissance parfaite : après cette production, ni le sable ni le verre n'avaient rien perdu de leur poids. Les plantes vivent donc réellement dans l'air, auquel la terre, par sa porosité naturelle, est parfaitement perméable : la terre n'est pour elles qu'un soutien et un garde-manger. Dans quelques cas cependant, comme nous le montrerons plus loin, elle sert aussi à activer la décomposition des matières dont ces êtres se nourrissent.

La terre est une matière qui se forme journellement, et qui a dû commencer à se former dès qu'il y a eu des roches solides sur le globe. La pierre, exposée au contact de l'air, comme on le voit dans les parties supérieures des hautes montagnes, qui ne sont souvent que d'immenses rochers, s'altère, se décompose, et finit par se désagréger entièrement ; cette force de cohésion qui en soudait toutes les particules les unes avec les autres, s'évanouit, sur toute la surface la pierre disparaît, et se trouve remplacée par de la terre. Si cette surface n'est pas trop en pente, la terre y reste, et continue à s'y produire plus ou moins profondément. Si, au contraire, la surface est inclinée, les eaux pluviales, en y tombant et en s'y écoulant vivement par mille filets, entraînent, sous forme de limon et de gravier, dans les torrents et de là dans les fleuves, tout le produit de la décomposition. Dans les vallées où la pente est moins forte et où le courant se ralentit, ces matières se déposent successivement, selon leur rang de grossièreté, les plus ténues restant en suspension le plus longtemps. Chacun sait avec quelle rapidité se comblent les étangs dans les pays de collines, par l'affluence des terres que les ruisseaux y conduisent; la même chose a lieu sur une échelle plus grande dans les lacs ou dans la mer, à l'embouchure des fleuves qui s'y jettent : des quantités énormes de terre s'y accumulent. Lorsque les rivières font des inondations, comme leur crue est due, soit à des pluies, soit à des fontes de neige qui produisent le même effet, leurs eaux sont en général très-bourbeuses; et comme leur vitesse diminue à l'instant où elles s'étalent dans la campagne, elles ne manquent pas d'y déposer les débris légers qu'elles charriaient; c'est là l'origine de ces terres qui s'étalant horizontalement occupent le fond de presque toutes les vallées, c'est aussi là l'origine de ces limons bienfaisants et fertiles que le Nil, le Gange, ainsi que tous les fleuves descendus des montagnes, et dont le cours est tranquille et sans encaissement, déposent annuellement sur les champs qui les bordent.

D'après cela, on conçoit que la terre, dans un même canton, présente souvent d'assez notables différences suivant la position où elle se trouve. La terre qui est dans la vallée à portée de la rivière, dérive le plus habituellement d'une patrie étrangère et lointaine ; elle offre bien plutôt des rapports avec les roches des contrées arrosées par la rivière dans la partie supérieure de son cours qu'avec celles de la contrée d'alentour ; de plus, elle se compose presque toujours de particules fines, légères et onctueuses, et convient parfaitement à la culture, soit des céréales, soit des herbages. La terre qui est sur les plateaux, à une assez grande élévation au dessus du niveau des eaux, provient, dans la plupart des cas, de la décomposition de la roche même qui constitue ces hauteurs ; elle en laisse encore apercevoir, malgré une altération plus ou moins forte, les principaux caractères : cette terre est presque toujours un peu grossière et propre, soit aux forêts, soit aux cultures communes. Enfin, sur la pente des plateaux, l'eau pluviale entraînant continuellement les particules les plus fines du terrain, il ne reste plus que les parties sèches et caillouteuses ; et cette circonstance, jointe à l'avantage de l'exposition, fait que ces endroits sont ordinairement occupés par de la vigne. Cette triple association se rencontre dans une multitude de pays ; s'il fallait désigner des exemples, on pourrait citer comme types principaux la vallée du Rhin entre Bâle et Strasbourg, la belle vallée de la Moselle dans la Lorraine, ou bien encore celle du Rhône, après Lyon.

D'après ce que nous avons dit, on doit pressentir que les variétés essentielles offertes par la terre, sont analogues aux variétés offertes par les roches qui garnissent la surface du globe ; mais on doit pressentir aussi qu'il est rare de rencontrer ces variétés dans un état parfaite-

ment homogène, et sans mélange, surtout dans les vallées. En distinguant les terres par le nom de la substance
minérale qui prédomine dans leur composition, on peut
les classer en cinq espèces : les terres granitiques, les
terres calcaires, les terres siliceuses, les terres argileuses et les terres volcaniques.

Les terres granitiques occupent la surface des contrées
à fond granitique, telles que la Bretagne ou le Limousin.
Elles sont formées des éléments du granite, c'est-à-dire
de morceaux de quartz, de cristaux confus de feldspath,
et d'une multitude de petites paillettes de mica ; elles
passent souvent à l'argile sableuse par la décomposition
du feldspath et du mica et la persistance des grains de
quartz., Leur épaisseur est très-variable, et dépend du
plus ou moins de solidité du granite qui leur donne
naissance. Il n'est pas rare de voir cette roche, par
suite du laps énorme de temps qui s'est écoulé depuis
qu'elle est à l'air, désagrégée et changée en terre, malgré sa dureté, jusqu'à trois mètres de profondeur. Cette
variété de terre n'est pas naturellement très-fertile ; le
froment y prospère difficilement ; et bien qu'elle ait
l'avantage, à cause de la base impénétrable sur laquelle
elle repose, de tenir en général bien l'eau, elle n'est
guère employée que pour des pâturages médiocres et
des cultures grossières. Les chênes y prospèrent admirablement.

Les terres calcaires entièrement pures sont assez
rares. On peut cependant citer les sablons de la Touraine,
qui sont un sable uniquement composé de détritus de
coquilles anciennement broyées et pulvérisées par les
eaux de la mer. On peut citer aussi divers cantons de la
Champagne dont le sol, fort pauvre, est presque entière-

ment calcaire. La plupart du temps, dans ces sortes de
terres, le calcaire se trouve mêlé à une petite quantité
d'argile provenant également de la roche décomposée,
et, dans ce cas, la terre, bien que toujours un peu maigre, n'est pas d'une qualité mauvaise. Fort souvent elle
se trouve chargée d'une infinité de pierres concassées
et anguleuses ; la vigne alors y réussit à merveille. Une
grande partie des vignobles de la Champagne, de la
Bourgogne et des côtes du Rhône, qui n'ont pas d'autre
fond que ce terrain sec et aride, sont la preuve de sa
bonté sous ce rapport.

Les terres siliceuses, dans leur état le plus pur, ne
sont autre chose que les sables. Elles proviennent presque toujours de la décomposition des roches de grès, et
couvrent en quelques contrées d'immenses étendues. Les
déserts de l'Afrique et de l'Asie en sont de grands exemples, mais ces mêmes exemples se répètent sur une plus
petite échelle dans une multitude d'autres endroits. Ces
terres, lorsqu'elles sont convenablement arrosées, peuvent devenir fertiles, témoin les oasis qui forment de
brillants îlots de verdure autour des puits ou des fontaines dans ces mers de sable, et témoins aussi les
essais de défrichements qui se sont faits depuis quelques
années en France dans diverses contrées sablonneuses
de la même espèce. Les bruyères paraissent être les
plantes qui y réussissent le mieux ; leurs détritus, mêlés
avec le sable, sont ce que l'on appelle la *terre de bruyère*,
dont l'emploi est si commun dans le jardinage. Les
Landes et les parties les plus arides des environs de
Fontainebleau et d'Ermenonville sont de magnifiques
champs de bruyère. Les plantations de pins, après que
l'on a arraché et brûlé les bruyères, s'y développent

quelquefois parfaitement bien. La couleur du sable, qui est fréquemment d'une grande blancheur, est un inconvénient, parce que le sable renvoie alors les rayons du soleil, et laisse très-difficilement pénétrer la chaleur dans son intérieur.

Fort souvent les sables ou plutôt les graviers se trouvent mélangés avec une grande quantité d'argile ferrugineuse ou calcaire qui leur donne plus de consistance, et leur permet de retenir l'eau ; ils forment alors d'excellentes terres ; telles sont celles d'une bonne partie de la plaine dans les alentours de Paris. Les terres sableuses ou graveleuses sont en général très-convenables pour la culture des plantes tuberculeuses, comme les pommes de terre, parce qu'elles cèdent aisément devant la pression des racines, et ne font point obstacle à leur accroissement.

Les terres argileuses sont les terres agraires par excellence. On désigne sous le nom de glaise celles qui sont composées d'argile pure. Elles sont tellement dures et tellement impénétrables à l'eau, qu'elles ont besoin de correctif pour devenir cultivables. Sous le soleil de l'été, elles se durcissent et se changent, en quelque sorte, en une pierre rude et aride, qui enveloppe les racines et les étouffe. Mais presque toujours, surtout lorsqu'elles proviennent du charriage des rivières, elles sont naturellement mêlées avec du sable et du calcaire qui leur donnent plus de légèreté, tout en leur conservant leur liant naturel. Comme elles forment partout où elles se trouvent la base de grandes exploitations agricoles, leur amélioration par les amendements et les mélanges, est en général l'objet de beaucoup de soins de la part des cultivateurs. Leur labour est pénible à cause de leur ténacité, mais le froment et toutes les céréales y prospèrent merveilleusement. Les plaines fécondes de la Beauce sont constituées par un sol de cette espèce.

Les terres volcaniques n'occupent que fort peu de place à la surface du globe. Elles se trouvent sur les pentes et à la base des volcans, et proviennent de la décomposition des laves, et surtout des scories. Elles se rapprochent, soit des terres graveleuses, soit des terres argileuses, et contiennent en outre certains principes qui paraissent favorables à la végétation. Elles se produisent avec plus ou moins de rapidité, suivant la nature des roches souterraines dont l'altération est leur principe. Rien n'est plus sec et plus ingrat que le canton volcanique de la haute Auvergne, bien que, depuis les temps historiques, sa surface soit demeurée constamment exposée au contact de l'air. Autour du Vésuve et de l'Etna, au contraire, les matières vomies par les cratères se changent spontanément, et en peu d'années, en un sol doux, et d'une extrême fertilité, les champs de feu deviennent des champs de verdure ; et, malgré le danger qui les menace, les habitants viennent se grouper à l'envi sur ces pentes, dont les inondations enflammées ne sont pas moins bienfaisantes pour la culture que les inondations humides du fleuve de l'Égypte.

La terre est donc un agent purement mécanique ; les plantes, pas plus que les animaux, ne sauraient en faire leur nourriture : elles ne tarderaient pas à périr d'inanition si elles étaient réduites à un si maigre régime. Lorsqu'on dit que les plantes vivent de la terre, on doit en dire autant des animaux, en ce sens qu'ils y ramassent les substances qui entretiennent leur existence. La seule différence vient de ce que les plantes, au lieu de trouver leurs aliments à la surface, les vont puiser dans l'intérieur, à l'aide de leurs racines, qui leur servent à la fois de suçoirs et d'intestins. Ces aliments se composent des sucs et des gaz qui se dégagent des matières végétales et animales en décomposition ; ces matières sont toujours disséminées en plus ou moins grande quantité dans les terres productives : on leur donne le nom d'*humus*. Elles naissent des engrais. Outre ce qui vient de l'humus, la nourriture des plantes se compose aussi de l'eau et des gaz contenus dans l'atmosphère qui les entoure ; mais il y a fort peu de végétaux qui soient assez sobres pour vivre ainsi avec de l'air et de l'eau; il est donc nécessaire qu'une terre, pour devenir fertile, réunisse aux conditions minéralogiques que nous avons exprimées, d'autres conditions qui sont plus particulièrement du domaine de l'agriculture. Le laboureur doit savoir quel est l'engrais qui doit être consacré à telle qualité de terre et à tel genre de culture ; quelle en est la proportion la plus convenable ; quel temps est nécessaire pour que sa décomposition s'achève, et que son absorption soit complète. Dans les endroits où les engrais artificiels sont trop rares et trop dispendieux, on y supplée en laissant les terres se reposer, c'est-à-dire se pénétrer de substances qu'y apportent les vents et des détritus des plantes sauvages qui s'y établissent d'elles-mêmes en grand nombre et sans frais. Lorsque l'on entend parler de la fertilité des terres vierges que l'on rencontre dans les pays incultes, on se tromperait beaucoup si l'on s'imaginait que les terres vierges sont des terres qui n'ont jamais rien produit; des terres qui n'auraient jamais produit ne pourraient renfermer dans leur sein aucune substance nutritive. Il en est tout autrement des terres vierges ; comme les plantes dont elles sont couvertes ne sont jamais moissonnées et enlevées par l'homme pour être consommées à son profit et en d'autres lieux, elles retombent fidèlement sur le sol qui les a fait naître, et l'enrichissent chaque année de leurs dépouilles caduques. Ces débris s'y accumulent et y produisent à la longue une quantité d'humus qui est considérable, et qui passe tout entière au service des premières récoltes que l'on retire de ce sol brut après l'avoir défriché.

C'est là ce que l'on peut nommer un engrais naturel. On en fait quelquefois usage dans les terres stériles, telles que les dunes et les sables qu'il serait trop dispendieux d'enrichir immédiatement par des engrais artificiels. On commence par planter dans ces terres de jeunes arbres qui, à force de soins, finissent par s'y développer et y grandir; les bois, une fois en possession du sol, y entretiennent eux-mêmes l'humidité suffisante, et chaque année, en y laissant tomber le tribut de leurs feuilles et des herbes qu'ils ont abritées sous leur ombrage, ils l'améliorent et y font pénétrer l'humus qui lui manquait.

Ne devant pas nous occuper ici de la question purement agricole, nous achèverons ce que nous avons à dire sur la terre végétale, en indiquant le procédé à suivre pour déterminer par l'analyse les principes qui la composent, et les résultats donnés par l'analyse de quelques variétés.

L'analyse de la terre végétale, du moins son analyse approximative, la seule dont un agriculteur puisse avoir besoin, ne présente aucune difficulté. On peut hardiment opérer sur une masse d'une livre, de manière à ce que l'exactitude d'une balance ordinaire soit suffisante

On commence, après avoir soigneusement enlevé les cailloux et les autres corps étrangers, par sécher la terre dans un four pour en chasser toute l'humidité. Cela fait, on en pèse la quantité déterminée, et on procède à la séparation de l'humus. On peut la brûler en tenant la terre pendant un certain temps à une chaleur rouge, et en la retournant constamment pour en exposer toutes les parties à l'air ; la proportion de l'humus se détermine alors en pesant la terre après la torréfaction, et en calculant ce qu'elle a perdu de son premier poids. On peut aussi se contenter de délayer la terre dans l'eau ; l'humus vient flotter à la surface, on l'enlève comme si c'était une écume, et on pèse la terre après l'avoir bien séchée. Quant à l'eau, on la laisse se clarifier, puis on la décante et on la met à part. Lorsque l'on a employé la première méthode, on verse également, après la séparation de l'humus, sur la terre refroidie, trois ou quatre fois son volume d'eau de pluie ; on délaye avec précaution, puis on laisse reposer, et on décante. Dans les deux cas, cette eau renferme les sucs et les sels solubles qui étaient contenus dans la terre. On peut obtenir leur poids en faisant évaporer l'eau qui les tient en dissolution, ou bien en desséchant de nouveau les terres, et en comptant ce qu'elle a perdu.

Cela fait, il ne reste plus sous la main de l'opérateur que la terre minérale pure. Pour en séparer le calcaire, on y verse encore une fois un peu d'eau, puis on y fait tomber de l'acide nitrique ou de l'acide muriatique jusqu'à ce qu'il ne s'y produise plus aucune effervescence. L'acide dissout le calcaire, et le résidu ne contient plus que l'argile et le sable ; on le dessèche, on le pèse, et l'on apprécie la dose de calcaire par soustraction. La

séparation du sable et de l'argile est très-facile ; il suffit
de laver à grande eau et de décanter à mesure : on s'arrête quand l'eau ne se trouble plus sensiblement ; le sable demeure au fond du vase ; on le pèse. Quant à l'argile, on peut la peser en recueillant le dépôt des eaux de
lavage. On la dose, comme le calcaire, par différence.
Durant tout le cours de ces opérations, qui n'ont rien
de difficile, il faut veiller avec grand soin à ce qu'aucune partie de la matière que l'on manipule ne puisse
se perdre, car cela introduirait évidemment de graves
erreurs dans le résultat. Dans la plupart des cas, on peut
se dispenser de faire une opération à part pour connaître la proportion des sels ; alors ils demeurent confondus avec le calcaire.

Voici quelques analyses que nous empruntons à l'ouvrage de M. Brard :

ANALYSE DE LA TERRE A BLÉ DE LA PLAINE DU PLESSIS-PIQUET PRÈS PARIS

Sur cent parties : Argile, 85. — Calcaire, 13. — Sable,
0,6. — Débris végétaux, 2.

ANALYSE DU LIMON DE LA SEINE

Sur cent parties : Argile, 56. — Calcaire, 31. — Sable,
5. — Débris végétaux, 8.

ANALYSE DE LA TERRE DE BRUYÈRE DE LA FORÊT DE SÉNART

Sur cent parties : Calcaire, 4. — Sable, 49. — Débris
végétaux non décomposés, 3. — Humus, 40. — Sels solubles, 0,10.

Les sels solubles ont, en général, de l'analogie avec ceux qui se retrouvent dans les cendres des végétaux ; cependant les acétates paraissent manquer. En outre, il se dissout fréquemment en même temps que les sels une certaine matière animale ou végétale.

DES MARNES

La terre végétale et superficielle, bien qu'elle soit la seule que la nature ait appliquée au service des plantes, n'est cependant pas la seule qui puisse leur servir. Il existe dans les profondeurs du globe certaines couches de terre qui souvent viennent montrer leur tranche à sa surface, et dont l'homme s'est habilement emparé pour les consacrer au perfectionnement de ses cultures. On donne à ces terres le nom de marnes. Elles sont par elles-mêmes entièrement stériles, et possèdent même fort rarement les qualités requises pour la terre végétale ; mais, mélangées en quantité convenable avec cette dernière, elles fournissent les moyens de corriger ses défauts, et de lui donner des vertus qu'elle n'avait pas auparavant. C'est donc avec raison que l'on se livre à des recherches souvent pénibles et dispendieuses, dans le but de les découvrir et de procéder à leur exploitation.

Les marnes sont essentiellement composées de calcaire, de sable et d'argile. Ces éléments y sont en proportions très-variables ; presque toujours l'un ou l'autre d'entre eux forme le principe dominant ; c'est ce qui fait qu'on les divise en marnes calcaires, marnes sableuses et marnes argileuses.

Les marnes calcaires sont des substances en général peu consistantes, d'une structure fendillée et quelquefois schisteuse, et d'une couleur blanche ou blanc jaunâtre ; leur tissu est très-poreux ; elles absorbent l'humidité avec violence, happent à la langue, et y dégagent communément, sous l'insufflation de l'haleine, une certaine odeur argileuse. Elles sont composées de calcaire mêlé avec une petite quantité d'argile ; souvent on y rencontre accidentellement un peu de sable. Exposées à l'air et aux variations de l'atmosphère, elles se délitent et tombent en poudre à la manière de la chaux. Quand on en jette un fragment dans l'eau, il fait entendre un léger sifflement, et il se dégage en même temps une quantité de petites bulles d'air qui s'échappent de son intérieur. Les marnes font, avec les acides, une très-vive effervescence ; c'est à ce signe, et aussi à l'aide de certaines perceptions d'habitude, que l'on peut reconnaître leur présence quand elles se montrent à la surface du sol. Quand elles restent cachées dans la profondeur de la terre, leur recherche devient plus difficile ; on est alors réduit à se guider d'après des considérations géologiques, et d'après la comparaison de la localité où l'on se trouve avec les localités voisines, si ces localités renferment des couches marneuses qui soient déjà connues.

La composition des marnes calcaires est d'ordinaire de 80 à 95 parties de carbonate de chaux et de 5 à 20 parties d'argile : il y en a qui sont du carbonate de chaux presque entièrement pur. La plupart du temps elles contiennent un peu d'eau.

7

Les sables calcaires composés de détritus de coquilles, comme les faluns de la Touraine et comme certaines grèves des rivages actuels de la mer, sont avantageusement employés pour remplacer les marnes véritables. Ils agissent avec d'autant plus d'efficacité, que quelquefois ils retiennent encore une trace de sel et un reste de matière animale.

Les marnes sableuses sont des marnes calcaires renfermant une quantité notable de grains de sable ; elles offrent, à l'extérieur, des caractères à peu près semblables à celui des marnes calcaires, sauf leur aspect, qui a quelque chose de plus sec, et leur toucher, qui est plus âpre. Quelquefois elles sont plutôt siliceuses que sableuses, c'est-à-dire que la silice s'y trouve en particules plus fines que les grains de sable ; telle est la marne siliceuse de Montmartre qui renferme 58 parties de silice, 5 d'alumine, 6 de magnésie, 9 d'oxyde de fer, 1 de calcaire.

Les marnes argileuses diffèrent des précédentes en ce que le calcaire n'entre dans leur composition que pour fort peu de chose, et que l'argile s'y trouve en proportion considérable. Elles sont en général d'une couleur gris rougeâtre, verdâtre ou noirâtre, développent une forte odeur argileuse, happent à la langue, se délayent dans l'eau en faisant une pâte courte, et ne produisent, lorsqu'on y verse de l'acide, qu'un léger dégagement. Elles sont d'une consistance variable et d'une structure très-fréquemment feuilletée. La marne argileuse verte de Montmartre est ainsi composée : silice, 66 ; alumine, 19 ; calcaire, 7 : la silice et l'alumine font 85 parties d'argile.

Les couches de marne ne sont pas également réparties sur tous les points du globe ; il y a des contrées entières

qui en sont totalement dépourvues, et dans lesquelles la
terre végétale aurait cependant grand besoin de leur secours. On en fabrique alors quelquefois d'artificielles,
en réunissant de toutes pièces les éléments qui les
composent et en les triturant convenablement, ou bien
en triturant simplement des pierres d'une composition analogue à celles des marnes ; mais cela est fort
coûteux.

Les marnes appartiennent à la classe des dépôts formés autrefois par les eaux ; mais elles ne se trouvent
guère que dans les parties moyennes et supérieures de
ces dépôts. Les pays dont le sol est uniquement consti-
tué par les dépôts anciens, n'en possèdent donc pas. Les
autres peuvent en posséder, mais ils n'en possèdent pas
nécessairement dans toutes les parties de leur étendue.
Il n'y a pas beaucoup de marnes exploitables au-dessous
du dépôt connu par les géologues sous le nom de *marnes
irisées ;* à partir de là les marnes se succèdent d'étage
en étage, en laissant entre elles des intervalles considérables où elles manquent, jusqu'aux dépôts marins et
d'eau douce de l'époque la plus moderne. Il y a des endroits où il s'en forme encore tous les jours par l'action
des eaux.

Elles gisent à des profondeurs très-variables, mais on
va rarement les chercher lorsqu'il faut descendre à plus
d'une trentaine de mètres, parce que leur exploitation
devient alors trop dispendieuse. La plupart du temps on
les attaque sur les affleurements des couches, et alors
le travail se fait très-économiquement et à ciel ouvert.
Il y a des pays dont elles couvrent toute la surface ; il y
en a d'autres, au contraire, sous lesquels elles plongen
à d'immenses profondeurs. Ainsi les masses énormes de

calcaire qui constituent les montagnes du Jura et les pays qui lui succèdent, forment une épaisseur de plusieurs milliers de mètres au-dessus du prolongement souterrain des marnes irisées dont nous parlions tout à l'heure.

L'emploi des marnes dans l'agriculture remonte à la plus haute antiquité; les peuples celtiques nos ancêtres en faisaient déjà usage, et ce furent eux, suivant le rapport de Pline, qui enseignèrent cette ingénieuse pratique aux Romains.

Le rôle immédiat de ces substances est facile à comprendre; mêlées à la terre végétale en dose suffisante, elles servent à lui donner telles qualités que l'on veut. Il suffit pour cela que l'agriculteur connaisse approximativement la nature de son terrain et la nature de la marne qu'il emploie. S'il a affaire à un terrain trop dur et trop argileux, il brisera sa ténacité, et le douera de toute la légèreté que peut demander sa culture, en le combinant avec de la marne calcaire. La marne sableuse, s'il en a à sa disposition, produira mieux encore le même effet. Si, au contraire, sa terre végétale est trop meuble et trop légère, chargée avec excès, soit de sable, soit de calcaire, il la corrigera promptement de ce défaut en y introduisant des marnes argileuses qui lui donneront le liant et la consistance qui lui manquaient. Dans tous les cas, on conçoit que l'on ne saurait employer utilement les marnes sans l'aide d'une certaine intelligence. Leur action n'est pas absolue comme celle des engrais, mais entièrement relative à telles ou telles natures de terrain. Si l'on s'avisait de conduire des marnes argileuses sur une terre forte, ou des marnes calcaires sur une terre sèche, on ne ferait évidemment qu'augmenter le mal en cherchant à lui porter remède. Un traitement, salutaire dans une maladie, devient souvent mortel dans une maladie opposée.

Outre cette manière d'agir, qui est purement mécanique les marnes en ont une autre, qui est plus secrète et moins facile à expliquer; elles réagissent chimiquement sur les matières dont se compose la nourriture des végétaux. L'humus, comme nous l'avons dit précédemment, n'est absorbé par les racines que lorsqu'il se trouve dans un certain état de décomposition. Si cette décomposition se fait trop lentement, la végétation languit; si la décomposition est au contraire trop prompte et ne se fait pas à mesure des besoins, la végétation mal soutenue, faiblit également. Or, la terre calcaire jouit de la propriété d'activer puissamment la décomposition de l'humus, en rendant ses principes solubles et propres à pénétrer dans l'intérieur des végétaux. Dans un terrain argileux, la marne calcaire produit donc une excitation chimique avantageuse ; tandis que, dans un terrain calcaire et trop prompt à dévorer l'humus, la marne argileuse rendra au contraire d'utiles services en paralysant cette ardeur par son influence conservatrice. Le calcaire est un digestif pour les végétaux, et l'on pourrait comparer le rôle que remplissent les marnes en agriculture à celui que remplissent relativement aux tempéraments lymphatiques et nerveux, les excitants et les calmants.

Lorsque la composition de la terre végétale est connue et que la composition de la marne l'est également, il suffit d'un simple calcul d'arithmétique pour déterminer la composition du terrain qui sera produit par le mélange. Des opérations analogues conduisent à la connaissance de la quantité de marne à employer pour produire un terrain d'une composition déterminée.

L'analyse de la marne se fait à peu près comme celle de la terre, mais elle est encore plus simple : on peut opérer dans un verre. On verse l'acide après avoir bien desséché et pesé la quantité de substance sur laquelle on opère ; on s'arrête lorsqu'il n'y a plus d'effervescence, la liqueur étant cependant acide ; on lave alors deux ou trois fois le résidu sans en rien perdre, on le dessèche et on le pèse. La perte représente le poids du calcaire. On sépare ensuite le sable et l'argile par le lavage.

On peut encore, après avoir desséché la marne, avant de la peser, à une bonne chaleur, la calciner au rouge blanc dans un feu de charbon, sans rien en perdre, et sans la laisser se mêler avec les cendres ; alors on la pèse ; ce qu'elle a perdu représente le poids de l'acide carbonique qui était uni à la chaux pour former le calcaire. Comme 100 parties de calcaire en renferment 43 d'acide carbonique, connaissant par l'expérience précédente la quantité d'acide contenue dans la marne en analyse, on en concluera aisément le poids total du calcaire, et par suite le poids de l'argile.

Le règne minéral offre encore à l'agriculture le secours de plusieurs autres stimulants qui paraissent agir d'une manière analogue à celle-ci, en facilitant la décoction de l'humus, et peut-être aussi en contribuant à fixer dans le sol les parties nutritives de l'air. La chaux est en usage de toute antiquité ; on l'emploie après l'avoir laissée tomber en poudre, mais on doit le faire avec beaucoup de réserve, et se contenter d'en saupoudrer légèrement la surface du terrain : elle convient aux terrains froids et humides. Le plâtre pulvérisé et répandu sur le sol, en augmente également d'une manière fort notable la fécondité naturelle ; le sel, en très-petite quan-

tité, et dans certains terrains ; les cendres provenant de
la combustion des tourbes et de a houille ; enfin divers
schistes vitrioliques jouissent aussi de cette propriété
bienfaisante.

On peut, en mélangeant à l'avance, suivant des rè-
gles et des proportions déterminées, ces diverses substances minérales avec des matières animales, composer
des amendements qui sont bien plus efficaces que le
mélange des stimulants et des engrais, tel qu'il se fait
lorsqu'on les jette séparément et au hasard sur la terre.
Ces fumiers, que l'on pourrait appeler chimiques, et
dont la composition est très-variée, portent le nom de
composts. On en fait une grande consommation dans les
provinces agricoles de l'Angleterre.

DE LA TERRE A PISÉ ET A BRIQUES

La terre peut s'élever en murailles et servir à l'habita-
tion de l'homme ; on l'applique à cet usage dans les
contrées où la pierre est trop rare ou trop coûteuse. Cela
se voit souvent dans les plaines qui bordent les grands
fleuves, tant par la raison que les carrières, qui ne sont
en général que sur le penchant des collines, ne se trouvent point à portée des habitants, que parce que la terre
qui forme leur sol est éminemment propre à ce genre de
bâtisse. Ainsi, en Égypte, dans les grandes vallées de la
Chine, sur le cours du Rhône, en divers points de l'Italie, les constructions, et particulièrement celles de la
campagne, les villages et les murs de clôture, sortent

simplement de la terre qui les soutient. Cette méthode
a l'avantage d'être extrêmement économique, ce qui est
cause qu'elle est en vigueur, même dans les localités où
l'on a de la pierre à sa disposition, et où l'on pourrait
par conséquent s'en passer. Elle est tellement naturelle,
qu'elle est de tous les temps comme de tous les pays.
Pline la décrit avec beaucoup de détails, et elle n'a subi
aucune variation sensible depuis les temps antiques jusqu'à nous. D'un autre côté les voyageurs qui ont visité la
Chine nous rapportent qu'elle y est pratiquée exactement
de la même manière et avec les mêmes ustensiles que
chez nous. Elle est donc universelle.

Ces constructions en terre crue sont ce que l'on
nomme dans nos pays le *pisé*. L'argile sableuse, mêlée
de quelques graviers, est la terre la plus convenable
pour les exécuter. C'est précisément le genre de terre
que transportent ordinairement les rivières. Pour s'en
servir, on commence par séparer les cailloux trop volumineux, puis on entasse la terre, légèrement humectée,
entre deux planches verticales convenablement assujetties ; on la dame fortement à coup de masse, puis on
enlève les planches, et on les replace au-dessus de la
partie déjà construite, pour continuer le travail. On
soude chaque zone avec la zone qui lui succède par une
couche de mortier ou de terre grasse. La terre, grâce au
gravier qu'elle contient, éprouve très-peu de retrait en
se séchant; et la densité qu'elle prend par le battage fait
qu'elle devient fort consistante, et résiste, quelquefois
pendant plusieurs centaines d'années, aux attaques et
aux violences de l'air.

Dans quelques endroits, les villageois emploient, pour
construire leurs maisons, une terre grasse et argileuse

moins consistante que la terre à pisé. Ils lui donnent la
solidité qui lui manque en la pétrissant avec de la paille
hachée ; ils ne s'en servent que pour remplir les intervalles des pièces de bois qui forment le cadre de la construction ; c'est ce que l'on nomme le *torchis*. Ce travail
est encore plus simple et plus expéditif que celui du
pisé, mais il est moins durable.

Enfin, la terre argileuse sert à la fabrication des briques crues. Le pisé lui-même n'est qu'un assemblage de
grandes briques faites sur place : mais il faut une terre
plus grasse et plus résistante pour des pierres destinées
à être transportées. Néanmoins, quand la terre est trop
grasse, le dessèchement y produit des crevasses ; on re-
médie à cet inconvénient en la mêlant, comme pour le
torchis, avec de la paille hachée, et en la faisant sécher
lentement et à l'ombre. Ce genre de construction est
d'un grand usage dans les pays chauds, où le bois à
brûler est généralement rare, et où l'ardeur du soleil
finit par donner à la terre ainsi préparée une grande solidité. Il est connu depuis la plus haute antiquité : les murailles de Babylone étaient bâties de cette manière : le
limon de la vallée de l'Euphrate avait fourni la matière
première, et les briques étaient assemblées avec un ciment de bitume. On faisait aussi, en Égypte, une grande
consommation de briques crues : il paraît que les tribus
juives, durant le temps où elles faisaient partie de la
population de ce pays, étaient spécialement consacrées
à ce genre de travail ; une des premières persécutions
des Égyptiens, au rapport de l'Exode, consista à refuser
aux travailleurs la paille qui leur était livrée pour la
confection de leurs briques, et à les obliger à en aller ramasser eux-mêmes dans les champs, avec peine du fouet

pour ceux qui ne rempliraient pas leur tâche : ce fut là
le principe de leur révolte. La fabrication des briques
crues se trouve donc ainsi liée au principe de l'une des
plus importantes histoires des temps antiques.

De nos jours on a considérablement perfectionné cette
fabrication ; on a substitué le durcissement produit par
la pression mécanique au durcissement produit par la
chaleur. Le refoulement des particules les unes sur les
autres, par une pression extérieure, opère le même effet
que le retrait causé par l'évaporation de l'eau, et il n'y
a point à craindre de gerçures. On se sert d'une terre
argileuse réduite en poudre, et légèrement humectée ;
on la jette dans des moules de fonte, et on l'y comprime
vivement à l'aide d'un balancier ou d'une presse hydraulique. Ces briques sont de meilleure qualité, mais aussi
de prix plus élevé que celles qu'on se procure par la méthode commune.

La plupart du temps on cuit les briques ; cette opération force les particules de l'argile à se souder les
unes avec les autres, et transforme la terre en une pierre
véritable. Toutes les terres un peu grasses, de quelque
variété que ce soit, pourvu qu'elles ne contiennent pas
une trop grande quantité de chaux, à un état quelconque
de combinaison, peuvent servir à cet usage ; la chaux,
quand elle y est intimement mélangée, a le désavantage
d'être cause que les pièces se déforment et se fondent
dans le feu ; et quand elle est mélangée par petits fragments, ces fragments se réduisent en chaux vive par le
feu, et se dilatant ensuite, font bientôt tomber la pierre
en éclats. Presque toujours l'argile contient une certaine
quantité d'oxyde de fer qui, en passant par l'effet de la
haute température à un état d'oxydation différent, de-

vient rouge et communique aux briques la couleur qui les caractérise. Il y a des briques qui proviennent d'argiles, même colorées, mais dépourvues de fer, et qui sont après leur cuisson parfaitement blanches. On a souvent besoin, pour certains usages, et notamment pour la construction des fourneaux, de briques capables de résister sans éprouver d'altération, aux températures les plus élevées. On les fait avec des argiles entièrement pures, c'est-à-dire renfermant seulement de la silice et de l'alumine en certaines proportions. Nous reparlerons de ces argiles en traitant des poteries réfractaires.

On cuit les briques dès qu'elles sont sèches, soit dans des fourneaux particuliers et permanents, soit dans des fourneaux faits avec des briques elles-mêmes. Cette dernière méthode, qui est la plus économique, est celle des Flamands. Le feu doit être conduit avec lenteur et ménagement, sans quoi les briques du centre se fondent et se coagulent, et celles de la surface restent à demi cuites ; au surplus, le travail est sans difficulté. Les tuiles et les carreaux se font de la même manière que les briques, en mettant cependant un peu plus de choix dans la qualité de la terre.

Tous les combustibles, même ceux de la plus mauvaise espèce, les fagots, les tourbes, les lignites, sont suffisants pour la cuisson des briques. On établit ordinairement les centres de fabrication à proximité du combustible et sur le point où il est le moins coûteux. Quant à la terre, il y a bien peu de localités où l'on ne puisse en trouver de convenable, du moins pour la briqueterie commune. On prend, soit des terres superficielles et végétales, soit des argiles marneuses, soit enfin des argiles pures qui existent en couches souterraines à la manière des marnes, et dont il va être spécialement question dans l'article suivant.

La valeur des briques, vu le vil prix de la terre, se compose uniquement de la valeur de la main-d'œuvre et de la valeur du combustible employé à les cuire. Cette valeur n'est jamais bien grande. Cependant, cette industrie est si bien de première nécessité et occupe tant de monde, que la richesse annuellement tirée de la terre, en France, par la production des briques, peut être évaluée à plus de cinquante millions de francs.

DE LA TERRE A POTERIE

Les argiles, comme nous l'avons déjà indiqué en parlant de la terre végétale, sont originairement dues à la décomposition des roches anciennes, et notamment des roches granitiques. Les influences de l'atmosphère, l'électricité, l'acide carbonique, finissent pas enlever à ces roches, après les avoir désagrégées, les principes alcalins qu'elles contenaient; il ne reste plus que de l'alumine combinée, et souvent mélangée en diverses proportions avec de la silice et de l'eau. C'est ce silicate d'alumine qui est le fond essentiel de l'argile.

Les caractères distinctifs de l'argile sont de faire pâte avec l'eau, et de s'y délayer en particules excessivement fines et légères, de se prêter, lorsqu'elle est humide, à toutes les formes, d'abandonner, par une simple élévation de température, l'eau mélangée en acquérant une

certaine consistance, telle cependant qu'on la raye toujours avec l'ongle ; enfin de changer complétement de
nature par la calcination. Le silicate d'alumine laisse
alors échapper l'eau avec laquelle il était chimiquement
combiné ; ses molécules se rapprochent les unes des
autres en produisant dans la masse un retrait considérable ; enfin il acquiert sans se fondre, et même sans se
ramollir, une dureté considérable qui va jusqu'à lui
permettre de faire feu sous le briquet, et l'eau n'a plus
désormais sur lui aucune action. Lorsque l'argile, au lieu
d'être pure, se trouve mêlée avec d'autres éléments que
l'alumine, comme l'oxyde de fer, la chaux, les alcalis,
par le fait de la chaleur elle entre en combinaison avec
ces bases, et donne naissance à un produit multiple
qui n'a plus la même fermeté dans le feu que l'argile
pure, qui s'y ramollit et s'y transforme souvent en un
verre boursouflé et noirâtre. Cela est cause que les
argiles impures ne conviennent pas aux poteries qui
exigent une haute cuisson.

Cette propriété, qui fait que la terre la plus malléable
et la plus obéissante à la main qui la façonne, se laisse
frapper en un instant, et comme par enchantement,
d'une merveilleuse pétrification, est une des plus précieuses et des plus élégantes propriétés naturelles dont
l'industrie humaine ait su tirer parti.

Les roches granitiques ayant dû commencer à se décomposer du jour où elles se sont refroidies et consoli-
dées, on conçoit que les argiles, résultat de leur décomposition, doivent se rencontrer dans les formations de
toutes les époques ; c'est en effet ce qui a lieu. Il en
existe dans tous les terrains stratifiés. Leurs couches
présentant mille variétés, sous le rapport de la composi-

tion, de la pureté, de la couleur, de la puissance, alternent à la surface des continents avec les couches de
grès, de calcaire, de marne. La distance qui se trouve
entre deux couches d'argile immédiatement voisines
dépend du développement des dépôts qui les séparent,
et présente, d'une localité à l'autre, les plus grandes
variations. Il y a des provinces entières où l'on en cher-
cherait vainement un seul lit. Quant aux argiles impures,
on en trouve presque toujours, ainsi que nous l'avons
dit, sur le cours des rivières. Il est à remarquer que les
moins grossières sont celles que le courant dépose en
dernier lieu.

Les argiles peu réfractaires, et qui prennent une couleur rousse dans le feu, sont employées pour les poteries communes. On en fait des terrines, des tuyaux de
conduite, des pots à fleurs, des réchauds pour les cuisines, etc. On les emploie également pour la fabrication
des faïences grossières, assiettes, cruches, gamelles, etc.
Dans ces faïences, la terre ne sert pour ainsi dire que de
soutien au vernis que l'on fixe à sa surface; c'est ce
vernis qui a la dureté, l'éclat et l'imperméabilité qui
forment les premières conditions de service pour ces
sortes d'ustensiles. La terre cuite, qui est rouge, grenue, poreuse, assez semblable à de la brique, et que l'on
aperçoit quand on brise l'objet, ne possède aucune des
qualités que l'on demande à la faïence et que le vernis
seul présente. Le tissu lâche de ces poteries est cause
que la plupart vont parfaitement au feu, ce qui est un
précieux avantage pour les besoins domestiques.

Le vernis ou couverte est de diverses sortes. C'est en
général une substance vitreuse dont on dépose les éléments à la surface des poteries une fois qu'elles sont

moulées et desséchées, et qui se fond pendant leur cuisson, en contractant avec elles une adhérence intime. Il faut que cette substance soit de telle nature, qu'elle puisse entrer en fusion avant que l'argile ne commence à se ramollir ; c'est un très-grave inconvénient, attendu que, pour arriver à cette grande fusibilité, on est obligé de faire entrer dans la couverte une proportion considérable d'oxyde de plomb. Le vernis qui en résulte est extrèmement tendre, s'use et s'écaille facilement, et se laisse attaquer par les acides. On emploie la plupart du temps, pour cet objet, le sulfure de plomb, connu dans le commerce sous le nom d'alquifoux ou d'oxyde rouge de plomb. On le délaye dans l'eau après l'avoir bien pulvérisé, et on plonge les poteries dans cette eau, la poudre d'alquifoux vient se fixer à leur surface, où elle se décompose et se fond pendant la cuite, c'est elle qui produit cette couleur jaunâtre qui caractérise les faïences grossières dont nous parlons. Quand on veut marbrer la surface en violet ou en vert, on ajoute à l'oxyde de plomb des oxydes, soit de manganèse, soit de cuivre, qui par le feu donnent ces couleurs. Enfin, lorsqu'on veut un émail blanc opaque, comme celui des assiettes, on a recours à l'oxyde d'étain, qui se vitrifie avec celui de plomb.

Pour donner une idée de la composition des argiles de cette espèce, nous citerons les résultats de l'analyse faite sur celle que l'on exploite à Forges (Seine-Inférieure). Sur 100 parties : silice, 65 ; alumine, 24 ; eau, 10.

Les argiles pures et qui ne renferment ni chaux ni oxyde de fer, sont consacrées à la fabrication des poteries connues sous le nom de terres de pipes, terres anglaises, cailloutages, etc. ; ce sont ces faïences à pâte blanche et sonore, dont l'Angleterre a été si longtemps en possession de fournir le continent, et qu'aujourd'hui nos fabriques jettent avec tant de profusion, et à si bas prix, jusque dans les plus pauvres campagnes. Cette argile étant réfractaire, on la cuit à grand feu sans la déformer, ce qui permet de lui faire acquérir une certaine dureté, et en outre de la recouvrir d'un émail meilleur et plus solide que celui qui sert ordinairement aux faïences rougeâtres ; il se compose d'ailleurs des mêmes éléments. On ne l'applique qu'après avoir fait subir aux pièces une cuisson préliminaire, qui leur donne un commencement de consistance. Cela fait, on procède au second feu, qui est la cuisson véritable. On décore souvent ces faïences, soit avec des peintures faites au pinceau, soit avec des gravures sur papier que l'on y décalque à l'aide de certaines précautions. On les colore, soit en employant des émaux colorés, soit en colorant la pâte elle-même et en la recouvrant d'un émail translucide.

Voici la composition de l'argile de Montereau, qui est la première que l'industrie française ait mise en œuvre pour faire concurrence à l'Angleterre. Sur 100 parties : silice, 64 ; alumine, 25 ; eau, 11.

Il y a des argiles qui sont susceptibles de soutenir le feu le plus violent sans se déformer, mais qui y prennent une teinte fauve. On les consacre à la fabrication des gréseries, qui sont également des poteries d'un usage journalier et dont le commerce est fort étendu. Elles contractent, par l'effet de la forte cuisson qu'on leur fait subir, une demi-vitrification, qui les met en état de courir, sans se rompre, toutes sortes de risques. Les terrines, les jarres, les cruches à eau, les cruchons, une foule d'autres ustensiles, sont faits avec cette poterie. On peut se dispenser de la vernir, parce qu'elle a presque toujours, par elle-même, une compacité suffisante ; mais cependant on y voit souvent une couverte vitreuse et irrégulière qui se produit à l'aide de quelques poignées de sel que l'on jette dans le four, et qui, en se volatilisant, vient se porter sur la surface des pièces où il se combine avec la silice et l'alumine.

Les creusets employés dans les fabriques de laiton, d'acier fondu, d'orfèvrerie, ainsi que ceux des verreries et des laboratoires de chimie sont faits avec ces mêmes terres réfractaires. Elles servent aussi pour les étuis dans lesquels on cuit les faïences et les porcelaines, ainsi que pour les briques destinées à la construction des fourneaux de fusion dans les fonderies.

La fabrication des poteries, demandant une température plus élevée que celle des briques, exige aussi des combustibles meilleurs. On y consacre en général des bois de chauffage refendus et bien secs. Dans la belle fabrique d'Arboras, admirablement placée entre les débouchés du Rhône et ceux du chemin de fer de Saint-Étienne, et fondée, il y a quelques années par M. Decaen, on a essayé la cuisson au coke, et ce procédé, qui est beaucoup plus économique, est aujourd'hui en pleine vigueur. On compte en France environ trois cents fabriques de poteries. La richesse annuellement produite par leur travail peut être estimée à une trentaine de millions, mais elle est en grande partie équilibrée par la casse continuelle ou la détérioration de toutes les espèces de poteries.

8

DE LA TERRE A PORCELAINE

La terre à porcelaine, ou kaolin, est une argile qui provient d'une décomposition particulière du feldspath contenu par grandes masses dans le granite; on la trouve toujours au contact du granite, remplissant des fentes ou formant des amas plus ou moins puissants. Elle est blanche ou très-légèrement colorée, friable, maigre au toucher, et fait difficilement pâte avec l'eau. Au feu, même le plus violent, elle n'acquiert, lorsqu'elle est parfaitement pure, presque aucune consistance. Lorsqu'au contraire elle se trouve mélangée avec une certaine quantité de feldspath non décomposé, elle y éprouve, sans se déformer, une demi-vitrification, grâce à laquelle elle devient dure, sonore, translucide, inaltérable ; c'est ce que l'on nomme la porcelaine. Cette argile est caractérisée chimiquement par la forte proportion d'alumine qu'elle contient ; il y en a presque autant que de silice.

Voici la composition de la terre à porcelaine de Saint-Yrieix, près de Limoges, qui alimente presque toutes les manufactures de France. Silice, 42 ; alumine, 35 ; eau, 12 ; feldspath non décomposé, 10 ; chaux ou potasse, 1.

Les dépôts de kaolin sont plus rares que ceux d'argile commune, cependant il y a peu de pays un peu étendus qui n'en possèdent. En France, il en existe près de Limoges, d'Alençon, de Bayonne, de Cherbourg, etc. ; il

y en a dans diverses localités, en Allemagne, en Angleterre, en Italie ; en Sibérie, les Russes en ont découvert
d'importants gisements, et enfin en Asie, et surtout à la
Chine et au Japon, on en exploite depuis des siècles.
Dans tous ces lieux le kaolin est toujours enclavé dans la
roche primitive, et au contact de formations granitiques
extrêmement riches en mica, ce qui est un indice dans
les recherches de cette terre.

La porcelaine se fabrique à peu près comme les autres
poteries, mais elle exige une plus grande délicatesse
dans la main-d'œuvre. Le vernis que l'on emploie est
du feldspath réduit en poudre très-fine. On l'applique
par l'immersion des pièces à demi cuites dans une eau
qui le tient en suspension. Il se précipite sur la surface,
et, par l'action du feu, non-seulement il se vitrifie, mais
il force les parties du kaolin, avec lesquelles il est en
contact, à se joindre à lui et à se vitrifier aussi. C'est ce
qui est cause que dans les porcelaines la couverte fait
corps avec la masse : elle peut s'user par le service,
mais elle n'éclate jamais. Le feu doit être conduit avec
une grande vigueur. La peinture et la dorure sont l'objet
de soins et de procédés particuliers, dans le détail desquels nous n'avons point à entrer : on est souvent obligé,
pour terminer ces brillants revêtements, de faire passer
les porcelaines à plusieurs feux.

La fabrication de la porcelaine est en vigueur en Orient
depuis la plus haute antiquité. Il ne paraît pas qu'il en
soit jamais venu en Occident dans les temps anciens :
cette magnifique production n'aurait pas manqué d'exciter l'admiration des Grecs et des Romains, et l'on ne
trouve aucune trace de son existence, ni dans les débris
de leurs monuments, ni dans les écrits de leurs auteurs.

Les élégantes poteries à pâte colorée, si célèbres sous le nom des Étrusques, sont ce qu'ils ont connu de plus parfait dans ce genre. Les Égyptiens n'ont jamais eu non plus de terres cuites que l'on puisse comparer aux porcelaines.

La Chine est le pays classique de cette poterie. Elle y est abondante, et communément employée par tout le peuple. On la fait même servir à la décoration des édifices ; et il faut convenir que ce luxe vaut bien celui du marbre ; c'est la brique élevée à son plus haut point de brillant et d'excellence. Il y en a des variétés qui sont consacrées au service du thé dans les maisons opulentes, et qui sont d'une finesse et d'une légèreté merveilleuses ; leur fabrication est l'objet des soins les plus minutieux, et on les achète à grand prix.

En Europe, la création de la porcelaine est tout à fait moderne. Celle de la Chine y était connue depuis le seizième siècle; dès la fin du dix-septième, les chimistes avaient fait quelques essais infructueux pour l'imiter ; mais c'est à la France et au dix-huitième siècle qu'appartient l'honneur d'avoir doté le monde occidental de cette précieuse poterie. La manufacture royale de Sèvres est la première que l'on y ait vue, et elle n'a guère plus de cent ans d'existence. La France s'est acquis dans ce genre de fabrication une supériorité incontestable : sous le rapport du fini et du volume des pièces qu'elle produit, elle peut rivaliser avec la Chine, et sous le rapport de l'art et du bon goût, soutenue par l'imitation des modèles antiques, par le secours de la chimie et le génie de ses artistes, elle a mis dans le monde des poteries plus parfaites que tout ce que les temps antérieurs ont pu voir. La production augmente d'ailleurs avec une rapi-

dité croissante ; les porcelaines blanches sont sur tous
les marchés, et par leur bas prix, joint à leur durée,
elles gagnent peu à peu du terrain, et chassent les
faïences des ménages même les plus modestes. On porte
à dix millions le produit annuel des manufactures françaises ; une partie s'en exporte à l'étranger.

DE L'ÉCUME DE MER

La terre vulgairement désignée sous le nom d'écume
de mer, probablement à cause de quelque ancienne fable
sur son origine, est blanche comme le kaolin, mais elle
s'en distingue en ce qu'elle offre encore plus de résistance à faire pâte avec l'eau, et manifeste au toucher bien
plus d'onctuosité. On ne la trouve que dans très-peu de
pays. Elle jouit du reste de propriétés semblables à celles
du kaolin. Mais sa composition est totalement différente :
elle ne renferme pas un atome d'alumine ; cette base est
remplacée par de la magnésie, qui est à l'état de combinaison avec de la silice et de l'eau.

A une haute température, l'écume de mer prend corps
et se durcit comme le kaolin ; aussi peut-elle servir à la
fabrication de poteries analogues à la porcelaine. Elle
est employée à cet usage dans une manufacture près de
Turin, et dans une autre près de Madrid.

Mais ce n'est pas par ce genre de service qu'elle a acquis
la popularité dont elle jouit : elle est principalement
connue par la haute estime dont la favorisent les fu-
meurs, auquel elle fournit les pipes qu'ils mettent au

premier rang. La variété qui sert à ce genre de produit, et qui se fait remarquer par sa légèreté et son apparence fine et onctueuse, se rencontre en plusieurs endroits dans le Levant.

Les exploitations les plus renommées sont celles qui existent en Grèce, près du golfe de Corinthe, en Crimée, et près de Césarée, dans l'Asie Mineure. La terre est mise en œuvre sur les lieux, et arrive dans nos magasins par le commerce. Après l'avoir moulée, on la soumet à une cuisson fort légère, de manière à lui donner une consistance suffisante, sans qu'elle devienne cependant trop compacte. On la fait ensuite bouillir dans du lait et dans une certaine préparation de cire et d'huile de lin. Cela contribue à ce qu'il paraît à rendre son poli plus agréable et plus facile. En outre, ces substances grasses, en demeurant dans l'intérieur de la masse et en se combinant avec les sucs échauffés du tabac, ont quelque influence sur l'éclat des teintes fauves et brunes que prend le corps d'une pipe qui a longtemps servi, et qui font les délices des amateurs. Les pipes communes, faites avec de l'argile blanche peu calcinée, peuvent aussi se colorer de cette manière par l'usage ; elles le doivent à leur porosité.

DE LA TERRE A FOULON

On nomme terre à foulon ou smectique une argile qui joue un rôle assez important dans la fabrication des draps. On la trouve en diverses localités, et elle se lie

quelquefois avec les marnes. Les qualités qui la font re
chercher sont d'être très-douce au toucher, et de faire
avec l'eau une pâte courte. Celles de premier choix contiennent toujours une petite quantité de magnésie.
Pour les foulages communs, on en emploie souvent
de fort grossières, et qui se rapprochent beaucoup
des argiles ordinaires; on a seulement la précaution de
les laver.

Voici la composition d'une terre à foulon employée en
Allemagne : silice, 48; alumine, 16; eau, 25; oxyde de
fer, 7; magnésie, 1.

Leur service dans l'art du foulonnier est de débarrasser
les draps de l'huile dont on est obligé d'imprégner la
laine pour la filer et la tisser commodément. On met
l'étoffe dans des auges qui contiennent de l'eau et de la
terre, et on l'y foule, en gardant certaines précautions,
avec de forts pilons. La terre se combine avec l'huile, et
un filet d'eau qui s'échappe de l'auge l'entraîne à mesure. Cette argile joue dans cette circonstance le rôle
d'un véritable savon naturel. On comprend aisément
combien il est important que son grain soit doux pour
que l'éclat de l'étoffe ne soit point altéré; il faut aussi
qu'elle ne soit pas trop liante, sans quoi ses particules
n'auraient pas une mobilité suffisante. Enfin le moindre
gravier pourrait, durant le foulage, causer à la pièce
d'étoffe les plus graves accidents.

DES TERRES COLORÉES

Certaines terres possèdent des couleurs brillantes et inaltérables qui sont employées avec succès dans la peinture. Les ocres tiennent le premier rang. Ils sont connus même des peuples sauvages, qui les recherchent avec avidité pour s'en farder le corps. Ils tracent sur leur peau divers dessins avec cette terre, qui leur tient lieu de parure. Chez nous on en revêt les façades et l'intérieur des maisons, quand le luxe ne conduit pas à d'autres ornements : cela leur donne une apparence brillante et de propreté. Quelques variétés sont employées en peinture.

L'ocre jaune doit sa couleur à de l'oxyde de fer : c'est une argile quelquefois très-siliceuse, chargée d'une rouille très-fine et très-disséminée. Cette substance n'est point rare, et sa consommation est très-considérable. On la trouve en couches comme les argiles ordinaires, dont elle n'est distincte que par le caractère particulier de sa couleur. On en tire beaucoup de Bourgogne. Les eaux boueuses qui sortent des galeries de mines, et qui sont fréquemment chargées de fer, donnent des dépôts ocreux qui peuvent être utilisés comme les précédents. Les sédiments de certaines eaux minérales peuvent aussi être employés aux mêmes usages. La préparation de l'ocre est très-simple ; après avoir lavé la terre, si elle en a besoin, on la découpe par morceaux que l'on laisse sécher, et que l'on expédie.

La plus grande partie des ocres débités par le commerce sert pour les peintures à la colle ou à la détrempe. La peinture à l'huile en prend moins. Les ocres des nuances les plus délicates prêtent cependant leur secours à l'art : tels sont, la terre de Sienne, l'ocre de Rhue, la terre d'Ombre, etc., qui ne sont que des ocres très-finement broyés.

L'ocre rouge est coloré par l'oxyde rouge de fer ou peroxyde. Il est beaucoup plus rare que le précédent, mais il est aussi employé fréquemment dans les arts et dans la vie commune. L'oxyde jaune calciné à l'air se transformant en peroxyde, il en résulte que les ocres jaunes calcinés ou brûlés se changent en ocres rouges. Quelques-uns cependant se prêtent mal à cette opération, et prennent une teinte de rouge noirâtre peu agréable et peu recherchée. Cependant la terre d'Ombre brûlée, qui rentre dans cette catégorie, est assez estimée des peintres, la terre de Sienne, au contraire, prend la teinte rougeâtre par la calcination.

Quand l'argile est très-chargée de fer, sa masse présente une couleur sombre, mais sa poussière n'en a pas moins une couleur fort vive. Cette variété est ce qu'on nomme la sanguine. Elle fournit le crayon des charpentiers et des maçons. Elle s'attache fortement aux surfaces, et ne s'efface point. Pour en faire les crayons de dessin, aujourd'hui à peu près tombés en désuétude, on y ajoute une petite quantité de savon et de gomme arabique. Il en existe une couche considérable à fleur de terre, à Tholey, près de Sarrelouis. C'est de là que vient, à peu près, toute celle que l'on consomme en France. On en trouve du reste en plusieurs autres lieux.

Les terres vertes de Vérone et de Hollande sont des argiles colorées par une combinaison d'oxyde de fer et de silice qui s'y trouve disséminée. Leurs teintes sont fort belles et fort durables, et l'on en fait grand cas, surtout de la première, pour la peinture à fresque et la peinture à l'huile.

Enfin nous pouvons encore dire ici quelques mots du blanc d'Espagne ou blanc de Champagne, qui n'est autre chose qu'une craie friable et terreuse. Quand la craie est assez pure, on se contente de la pétrir avec de l'eau pour en bien écraser toutes les parties, et de la mettre en pains. Quand elle est un peu sableuse, ou quand on veut des blancs plus fins, on la lave après l'avoir réduite en bouillie claire. Les parties les plus grossières se déposent d'abord, et on les sépare du reste, que l'on recueille plus tard et que l'on moule de la même façon. Ces blancs, dont une grande partie se prépare près de Meudon, sont d'un usage très-commun dans la peinture en badigeon et dans diverses autres industries. C'est aussi la craie qui forme l'élément principal des crayons blancs.

DU SABLE

Le sable se distingue des autres terres en ce qu'il ne fait aucune espèce de pâte avec l'eau. Il se compose d'une multitude de petits quartiers de roche, tantôt arrondis et tantôt anguleux, de dimensions et de natures diverses, entièrement indépendants les uns des autres, et privés de ce ciment argileux qui donne ordinairement à la terre son onctuosité. Comme la plupart des roches dures, réduites en fragments et livrées à l'action de l'atmosphère, ne tendent pas à se décomposer et à donner naissance à de l'argile, les sables ne demeurent sables qu'autant qu'ils proviennent de certaines roches inaltérables. Telles sont celles du quartz, dont les débris ou les éléments désunis composent la plus grande masse des sables que présente le globe. Les autres roches, telles que les granites, par exemple, donnent des sables qui, peu à peu, se mélangent d'argile, prennent du corps, et finissent par se changer en une véritable terre végétale ; c'est ce que nous avons expliqué en parlant de cette espèce de terre. Du reste, le sable contient souvent une petite quantité d'argile qui ne modifie pas sensiblement ses caractères distinctifs.

Le sable peut se comparer à l'argile sous le rapport des positions qu'il occupe comme sous celui de sa génération. Il a été déposé de la même manière, en couches étendues, sur la place occupée aujourd'hui par nos continents, dans les temps géologiques, et nos fleuves continuent à en déposer continuellement sur leur cours ; leurs eaux, en lavant les terres sablonneuses, entraînent au loin les particules argileuses qui sont les plus légères, et laissent sur leur fond ou sur leurs bords les grains de sable et les graviers. La mer, en battant et corrodant la ceinture des continents et des îles, en tire également une quantité considérable de sable, dont elle fait elle-même le triage, et qu'elle jette sur ses fonds et sur ses vastes grèves.

Dans la croûte stratifiée du globe, le sable forme des couches souvent fort puissantes ; elles alternent avec des calcaires ou avec des argiles. Ces couches n'appartiennent guère qu'aux parties supérieures et modernes. On en trouve à la vérité des éléments, et en grande abondance, dans les terrains anciens, mais ils y sont agglomérés, et constituent les grès. Il est possible que le temps, par sa seule force, ait produit à la longue, sur les sables immobiles, cette influence pareille à celle d'un ciment. Ces sables sont tantôt blancs ou grisâtres, tantôt jaunâtres et colorés par l'oxyde de fer, tantôt purement siliceux, tantôt mêlés d'argile, tantôt de calcaire. Quant aux couches de grès, ce sont elles qui, par leur désagrégation, fournissent aux eaux actuelles le plus de sable.

Le sable, partout où il couvre la superficie de la terre, se reconnaît immédiatement par sa triste nudité. Les eaux de la pluie ou des fontaines, entraînées par la pesanteur, se dissipent sans que rien les arrête à travers sa masse, et le laissent dans un état à peu près constant de sécheresse. Les plantes s'éloignent d'un terrain si ingrat ; les germes que les vents y entraînent y meurent sans s'être seulement ouverts à la lumière ; et si quelques maigres arbustes, de loin en loin, parviennent à s'y tenir, c'est qu'ils vivent de l'atmosphère, et ne demandent au sable qu'un peu d'appui, que leurs racines longues et traînantes obtiennent à grand'peine. Les animaux s'éloignent aussi d'un sol qui ne leur offre ni ruisseaux ni verdure ; ils n'y trouvent pas plus que les plantes ce qu'il leur faut pour vivre. L'Asie et l'Afrique sont les deux régions où ces zones de sable occupent le plus d'étendue. Elles forment une longue chaîne qui se suit presque sans discontinuité depuis l'Atlantique jusqu'à l'Océan oriental. La surface de la terre, dans tous ccs lieux, demeure inhabitée, et l'homme, qui seul a le privilége de les traverser avec les animaux qu'il conduit, n'y laisse pas même la trace de ses pas, et maudit leur inhospitalité sous le nom de désert.

Si le sable est par lui-même sans fertilité, et ne sert dans l'agriculture qu'en qualité d'amendement pour les terres trop argileuses, il rend d'excellents services à presque toutes les autres industries, et nous devons bénir la nature qui nous l'offre avec tant de libéralité.

Mélangé avec la chaux, il forme une des bases essentielles de nos ciments et de nos mortiers. L'architecture aurait bien de la peine à s'en passer ; c'est à lui qu'elle doit le pouvoir de joindre aussi en un seul bloc les pièces nombreuses et divisées dont elle compose ses œuvres. Nous avons déjà parlé de l'immense service que rendent les mortiers, pierres artificielles formées de chaux et de sable. Les proportions du sable et de la chaux qui entrent dans le mélange varient suivant les qualités de l'un et de l'autre, et suivant le résultat que l'on veut obtenir. En général, on choisit de préférence le sable de rivière, parce qu'il est très-pur. Le sable fossile peut être employé sans trop d'inconvénient, mais il contient fréquemment une petite quantité d'argile. Quant au sable de mer, comme il est toujours salé, et que le sel est très-préjudiciable par l'humidité qu'il attire, il faut toujours le laver avec de l'eau douce avant de le mélanger avec la chaux.

Les sables qui proviennent de la désagrégation de certaines roches volcaniques jouissent de propriétés précieuses, et qui leur font jouer un grand rôle dans les constructions. Mélangés en proportions convenables avec la chaux, ils donnent naissance à ces ciments

hydrauliques qui prennent corps, et se durcissent
très-promptement même lorsqu'on les tient dans l'eau.
Ces sables sont communément désignés sous le nom
de pouzzolane. Ce nom leur vient de ce que ceux qui ont
été les premiers en usage se tiraient de la campagne
de Pouzzoles, au pied du Vésuve. Les Romains se sont
beaucoup servis de ceux-ci, et pendant longtemps l'architecture n'en a pas connu d'autres. Mais, dans les
temps modernes, on en a découvert dans une multitude
d'autres localités, et notamment dans les départements
du Puy-de-Dôme et de l'Ardèche. Presque tous les terrains volcaniques en renferment. Il y en a diverses variétés qui se distinguent par leur dureté, leur porosité,
leur composition, et, en somme, par le plus ou moins
de promptitude à se durcir et de solidité que possède
leur combinaison avec la chaux. La pouzzolane qui provient des terrains de pierre-ponce, et qui est connue
sous le nom de trass, fournit des ciments d'excellente
qualité. Il y en a d'immenses exploitations près d'Ander-
nach, sur le cours du Rhin; leurs produits descendent
ce fleuve, et vont, à ses embouchures, fournir aux peuples de la Hollande les éléments de ces digues et de ces
constructions sous-marines, qui sont le principe de leur
salut et de leur prospérité.

On a imaginé de suppléer aux pouzzolanes naturelles,
dans les lieux où elles sont d'un trop haut prix, par des
pouzzolanes artificielles, que l'on produit en calcinant
des terres argileuses, lesquelles prennent, par cette opération, des qualités analogues à celles des substances cal-
cinées par le feu des volcans. Certains schistes brûlés et
pulvérisés rendent aussi des services tout à fait semblables. Cette invention, qui ne date que de la fin du

dernier siècle, a causé une véritable révolution dans l'art des constructions hydrauliques.

Le sable qui, mêlé avec la chaux, produit de si grandes merveilles, en produit de plus grandes encore quand on le mêle, à l'aide de la chaleur, avec certaines autres substances. C'est lui qui, rendu fusible par l'addition d'un peu de soude ou de potasse, constitue la matière principale du verre. Pour produire le cristal, verre resplendissant, propre à recevoir les tailles les plus élégantes et les plus riches, il suffit d'ajouter au sable de l'oxyde de plomb. Ces glaces somptueuses, où la lumière se reflète d'une si éclatante manière, et qu. ont remplacé avec tant de supériorité les miroirs de métal qu'avait inventés le luxe antique, ne sont pour ainsi dire que du sable fondu appliqué avec art sur une lame d'étain, dont il devient à la fois la couverture et le soutien. Enfin, ces admirables instruments à l'aide desquels nous soutenons notre vue, ceux qui nous ont permis de pénétrer dans les profondeurs du ciel, et ceux non moins admirables qui ont ouvert devant nous le monde microscopique, doivent encore à du sable le principe fondamental de leur création.

Pour produire le verre et le cristal blancs, il faut employer des sables parfaitement blancs, et dépourvus d'oxyde de fer. La formation sablonneuse qui entoure Paris, et du sein de laquelle cette capitale tire ses pavés, est aussi celle qui fournit le sable le plus pur et le plus recherché. On envoie des sables de Senlis et de Fontainebleau jusque dans les verreries et les cristalleries les plus lointaines. La valeur de cette matière, une fois qu'elle est mise en œuvre, compense largement le transport. Pour le beau verre blanc, on emploie 100 parties de sable blanc, 60 de carbonate de potasse et 16 de carbonate de chaux. Pour le cristal, 100 de sable blanc, 66 d'oxyde de plomb et 30 de potasse. Pour les verres communs on substitue à la potasse le carbonate de soude, qui est beaucoup moins cher, ou même simplement des cendres. On mélange les matières ; puis, après leur avoir donné un premier coup de feu, on les chauffe, à une forte chaleur, dans de grands pots. La combinaison du sable et des autres éléments s'opère, et la masse entre en fusion : dans cet état, on la coule, on la moule, ou on la souffle ; elle est parfaitement ductile, et l'on en fait ce que l'on veut.

Les sables qui contiennent du fer communiquent au verre une teinte verdâtre. On combat ce défaut par l'oxyde de manganèse, qui, tendant à produire une teinte violette, neutralise en partie l'influence du fer. On nomme, à cause de cela, cet oxyde le *savon des verriers*. Mais il ne parvient jamais à opérer un blanchiment parfait ; et il reste toujours une teinte bleuâtre que l'on aperçoit sur les verres communs, et qui accuse la qualité du sable dont on les a tirés.

Quant aux verres à bouteilles, comme les teintes sombres de vert ou de brun ne leur sont point nuisibles, et sont même, en quelque sorte, commandées par l'usage, on n'est pas obligé de mettre autant de soin dans le choix des éléments qui les composent. On en fabrique de fort bons en fondant ensemble du sable commun et de la cendre. Voici la composition ordinaire : 100 parties de sable jaune, 160 de cendres lessivées, 30 de cendres neuves, 80 d'argile, 100 de verre cassé. Il y a certains sables que l'on peut fondre sans addition ; ils produisent un fort bon verre à bouteille : ce sont les sables volcani-

ques. Les laves ou les basaltes servent aussi au même
objet. Il y a même certains produits volcaniques, tels que
les sables et les terrains de ponce, qui sont totalement
dépourvus de fer, et qui donnent naissance à du verre
blanc.

L'oxyde de plomb communique au sable, avec lequel
il se combine, tant d'éclat et de limpidité, que le verre
qui en résulte reçoit et réfracte la lumière à la manière
du diamant et des pierres précieuses. Divers oxydes métalliques jouissent de la propriété de donner à ce cristal
de fort brillantes couleurs. Le cobalt donne du bleu; le
manganèse du violet; le chrome, ainsi que le cuivre,
du vert; l'or, du rouge; l'antimoine, du jaune; l'oxyde
d'étain, l'arsenic, le phosphate de chaux, donnent une
couleur blanche et opaque, que l'on peut faire varier
depuis les apparences de l'opale jusqu'à celles de la
porcelaine.

Tandis que l'argile produit des porcelaines infusibles,
le sable peut donc en fournir de fusibles, plus faciles à
fabriquer, et susceptibles de concourir aux mêmes
usages. Elles ont néanmoins le grave inconvénient d'être
beaucoup plus tendres et plus fragiles.

Enfin, le sable sert encore à un autre objet d'une immense importance; c'est à ce que l'on appelle le moulage
en sablerie. Une grande partie des pièces de cuivre, de
fonte, de laiton, qui sont d'un service continuel, tant
dans l'industrie que dans l'intérieur des ménages, sont
coulées dans des moules de sable. La finesse de ces
produits tient pour beaucoup à la finesse du sable employé dans leur fabrication. Il faut qu'il soit mélangé
d'une petite proportion d'argile, de telle manière qu'à
l'aide d'une légère humidité il puisse facilement con-

server les formes les plus nettes et les plus délicates. Mais il faut aussi qu'il demeure assez perméable pour que les vapeurs, qui se dégagent à l'instant où l'on verse le métal liquide, puissent s'échapper librement à travers sa masse, sans qu'il soit nécessaire de leur ménager des évents spéciaux. Celui de Fontenay près de Paris, possède d'excellentes qualités sous ce rapport, et pendant longtemps on en a exporté jusque dans les pays étrangers. On sait aujourd'hui qu'en passant un bon sable au tamis fin, et en le brassant avec un peu d'argile, on parvient sans peine à produire, sur le champ même de la fonderie, les diverses qualités de sable dont on a besoin. Pour les grosses pièces, comme les marmites, les plaques de cheminée, etc., on trouve aisément ce qu'il faut; mais pour les pièces très-soignées, telles que ces médaillons et ces bijoux connus sous le nom de *fonte de Berlin*, on a recours à des sables excessivement fins et capables de conserver les empreintes les plus légères.

Nous terminerons cet article, dans lequel nous avons cherché à énumérer fidèlement les principaux services que nous tirons du sable, en rappelant que cette substance nous suit jusque dans nos cabinets de travail, où nous la prenons pour auxiliaire lorsque nous écrivons. Le sable quartzeux, dont on se sert ordinairement à Paris en le teignant de diverses couleurs, possède une extrême rudesse peu agréable et peu commode. Certains sables micacés, qui se trouvent fréquemment dans les ruisseaux des montagnes, ont l'avantage d'être beaucoup plus doux, et de présenter de fort jolies teintes de métal argentin ou grisâtre. Ils méritent la préférence à tous égards. Dans quelques pays, et notamment en

Hollande, on a coutume de sabler le plancher des maisons avec des sables fins de couleur blanche et jaunâtre. Il y a diverses autres circonstances, mais trop minimes pour être mentionnées, dans lesquelles il contribue encore à la propreté de notre service domestique.

CHAPITRE TROISIÈME

LES COMBUSTIBLES

DU CHARBON EN GÉNÉRAL

On emploie habituellement le nom de charbon pour désigner une substance de couleur noire, de dureté moyenne, aisément combustible. Il s'en faut de beaucoup que ces caractères soient ceux du charbon pur, ou carbone des chimistes, dans son état naturel. Le charbon pur, tel que le règne minéral nous le présente, est cette pierre précieuse si célèbre sous le nom de diamant, et dont nous avons déjà parlé. Sous cette forme, il est un des corps les plus durs que nous connaissions, blanc et diaphane par excellence, combustible, mais non point par lui-même, et seulement par l'action de la plus haute température.

Autant le charbon combiné avec d'autres corps est abondamment répandu dans la nature, autant le charbon pur y est rare. On peut, il est vrai, par des moyens que la science enseigne, isoler le charbon des diverses

CHARBON

1. Houille grasse.
2. Houille maigre.
3. Lignite Jayet.
4. Graphite.
5. Tourbe des marais.
6. Succin.
7. Bitume.
8. Cristaux de soufre.

1

2

5

4

5

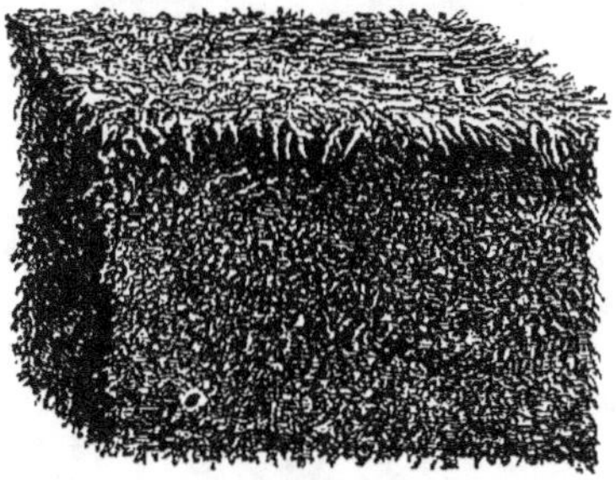

6

7

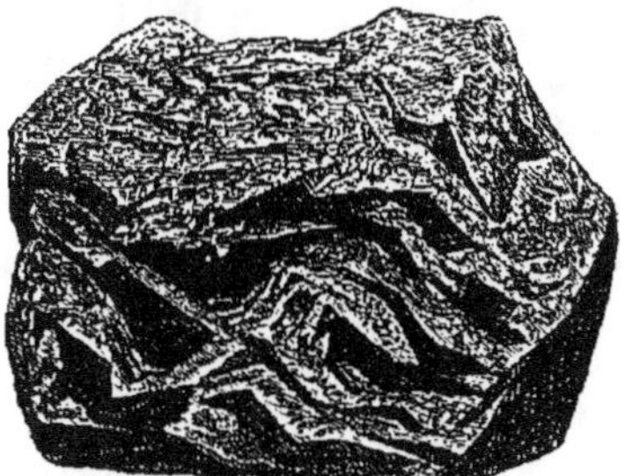

8

combinaisons dans lesquelles il était engagé, et l'obtenir
artificiellement dans son état de pureté ; mais on n'est
pas parvenu, jusqu'à présent du moins, à forcer ses molécules à se ressouder et à se mettre en rapport de cristallisation les unes avec les autres. Elles restent désu-
nies ; leur ensemble, au lieu de se laisser traverser par
la lumière et de la réfléchir en partie, l'absorbe et paraît noir ; leur état de division et leur écartement font
qu'elles s'embrasent assez facilement ; leur demi-adhé-
rence, causée souvent par des matières qui leur sont mélangées, donne à leur masse une consistance variable,
mais qui n'est jamais bien grande. On prépare sans
peine du charbon pur en calcinant du sucre dans un
vase clos ; et l'on peut comparer la relation qui existe
entre cette poussière noire et le diamant, à la relation
qui existe entre la fleur de soufre et le soufre en cristaux : si le soufre n'était pas si aisément fusible, il ne
serait pas si facile de le faire passer de l'état de poussière à celui de cristal : de même pour le charbon ; si
on réussissait à fondre sa poussière, elle se changerait,
suivant toute probabilité, en diamant.

Le charbon joue un rôle important dans tous les rè-
gnes de la nature, mais particulièrement dans le règne
végétal et dans le règne animal. Tous les individus appartenant à ces deux grandes divisions possèdent, au
nombre des principes constitutifs de leurs corps, une
quantité considérable de charbon. Dans les végétaux, il
est combiné avec de l'hydrogène et de l'oxygène, et dans
la chair des animaux il se joint à ces éléments un peu
d'azote ; c'est là le fond principal du bois comme de la
chair ; tout le reste n'est qu'accessoire. Cette multitude
d'êtres, si différents les uns des autres, si variés eux-

mêmes dans leurs diverses parties, si admirablement
compliqués, toute cette population qui couvre et anime
la surface de la terre, doit son existence à ces trois ou
quatre substances combinées en toutes sortes de façons
et de proportions les unes avec les autres. Le charbon
figure toujours parmi elles au premier rang.

Le règne minéral contient également une grande
quantité de charbon; mais il n'y est pas aussi essentiel
qu'aux deux autres. Combiné avec de l'oxygène, puis
avec de la chaux, il concourt à constituer la masse même
des calcaires, c'est-à-dire une des portions les plus notables de la croûte stratifiée de la terre. Il entre dans la
composition de ces roches pour environ un neuvième.
Il fait également partie de tous les carbonates. On ne le
trouve hors de la présence de l'oxygène que dans le
diamant et dans le graphite (substance avec laquelle
on fait les crayons, dits de mine de plomb) qui est une
combinaison de charbon et de fer. Partout ailleurs, le
charbon est associé avec ce gaz pour lequel il a une si
grande affinité. Le résultat de leur combinaison, laquelle
dans sa vivacité produit le beau phénomène connu sous
le nom de combustion, est une substance gazeuse très-
répandue dans la nature, l'acide carbonique. L'acide
carbonique figure dans la composition de l'atmosphère;
sa proportion qui est peu considérable relativement à
la masse de l'air et qui varie selon le cours des saisons,
équivaut cependant à une couche mince de charbon dont
serait saupoudrée toute la superficie de la terre. Il sort
en un grand nombre de lieux de l'intérieur du globe,
soit à l'état gazeux, soit à l'état de dissolution dans l'eau.
Néanmoins l'origine de la plus grande partie de celui
qui est disséminé dans l'atmosphère, doit être attribuée,

non point à la nature minérale, mais à l'action des animaux et des végétaux qui en produisent continuellement par la combinaison des éléments de leurs corps avec l'oxygène de l'air. C'est aussi à la nature organique que l'on doit rapporter en premier lieu la formation des houilles et généralement de tous les combustibles fossiles. Ces substances se composent d'anciens résidus de la végétation, profondement altérés et modifiés par les circonstances de leur séjour dans la terre. C'est un emprunt fait par le règne minéral au règne végétal, mais transformé par le premier et rangé entièrement dans son domaine : il y occupe une place remarquable, tant sous le rapport de la science que sous celui de la richesse industrielle, et l'étude de cette matière fera le sujet principal de ce chapitre.

Nous ne nous arrêterons pas à faire valoir l'importance des combustibles que le bras des mineurs arrache infatigablement aux entrailles de la terre; leur pioche est devenue un instrument pour ainsi dire aussi indispensable aux sociétés civilisées que le soc des charrues. La houille est un des aliments les plus essentiels à l'industrie ; elle est presque aussi bienfaisante pour l'homme que le soleil, et elle présente de plus l'avantage d'être placée sous sa main et d'obéir à ses ordres : elle lui donne la chaleur, elle lui donne la lumière, elle lui donne la force et la fécondité. Grâce aux merveilles qu'elle produit, le monde a pris des allures nouvelles, et devant lesquelles les peuples qui l'ont habité autrefois demeureraient confondus d'étonnement. Les manufactures les plus délicates et les plus compliquées marchent par l'impulsion du feu, et exécutent leurs travaux avec une exactitude que rien n'égale ; les bateaux remontent les fleuves les plus rapides comme d'eux-mêmes, et triomphent du refus des vents et du soulèvement de l'Océan comme par enchantement ; les chariots débarrassés de leurs attelages, courent spontanément sur les chemins et se rendent où on leur a commandé ; on dirait un génie invisible qui s'est venu mettre aux gages de l'homme, pour manœuvrer ses marteaux et ses métiers, faire le service de ses transports par eau et par terre, et remplacer avec une supériorité gigantesque les esclaves et les bêtes de somme dans les mille endroits où ils versaient autrefois leur sueur. Ce génie existe en effet, et c'est la puissance de la nature atteinte par l'esprit humain et soumise à ses lois. Puissance endormie depuis des siècles, comme ces dragons de la fable, dans les profondeurs léthargiques de la terre, l'homme est venu la réveiller et lui dicter sa mission. C'était pour lui que cette splendide végétation des temps géologiques, au lieu de se dissiper sans rien laisser après elle, était venue s'enfouir dans les entrailles protectrices de la terre, lui préparant ainsi d'inépuisables trésors de charbon. Avant qu'il ne fût né, la surface du globe était déjà son domaine, et la main de la Providence se chargeait de recueillir pour lui sous le soleil, et de lui conserver les seules récoltes qui lui pussent servir. Elles sont à lui aujourd'hui, ces richesses : il en a pris possession ; par elles le caractère de son industrie a commencé à changer, et il entrevoit devant lui un avenir où, grâce à tant de secours tirés de la nature, la situation physique de sa race pourra changer entièrement.

DE LA HOUILLE

La houille est le combustible minéral par excellence :
on lui donne habituellement le nom de charbon de terre.
C'est une substance d'un beau noir, d'une apparence
éclatante, plus ou moins friable, et se laissant diviser
tantôt en fragments irréguliers et tantôt en feuillets
schisteux ; elle brûle facilement avec une flamme blanche, une fumée noirâtre, et une odeur bitumineuse plus
ou moins prononcée. Ses cendres, qui sont toujours assez
abondantes, ne sont pas pulvérulentes comme celles du
bois, mais présentent une multitude de petites scories
mêlées de poussière. Quand on la distille, elle donne du
gaz hydrogène carboné qui se dégage, divers produits
odorants, et un charbon volumineux, spongieux, brillant, qui s'enflamme difficilement, mais qui produit une
chaleur intense quand il est en grandes masses; ce
charbon qui est de la houille privée de ses parties volatiles, est ce que l'on nomme le coke.

La houille est composée de charbon, de bitume et de
matières terreuses. Ses qualités varient suivant la proportion de ces éléments. Celle qui est le plus chargée de
bitume est celle qui donne le plus de flamme et qui s'al-
lume le plus facilement ; mais elle est aussi celle qui
tient le moins longtemps dans le feu, et qui proportionnellement produit le moins de chaleur. Quant aux parties terreuses, une bonne houille ne doit jamais en con-

tenir plus de 5 à 6 pour 100. La composition ordinaire est de 60 à 70 parties de charbon, de 20 à 40 de bitume, de 3 à 6 de cendre. Il y a du reste une infinité de différences entre les houilles, car ce ne sont point des substances dont la composition soit strictement définie ; leurs qualités varient d'une mine à l'autre, et souvent, dans la même mine, il y en a de totalement dissemblables et que l'on caractérise par des noms particuliers à chaque localité. En général cependant, elles sont toutes susceptibles d'être classées en deux grandes divisions : les houilles grasses et les houilles maigres.

La houille grasse, que l'on nomme aussi charbon collant ou charbon maréchal, est d'un noir éclatant, et s'enflamme avec la plus grande facilité ; en brûlant, elle se gonfle, se ramollit, semble se fondre, et finit par s'agglutiner en une seule masse, que l'on est obligé de briser pour donner passage à l'air et faire continuer le feu. Cette propriété est très-favorable pour le travail des forgerons : la houille à moitié fondue et incandescente, forme devant la tuyère du soufflet une petite voûte dans laquelle on fait chauffer les barreaux de fer, sans avoir besoin de déranger le feu, et sans avoir à craindre qu'ils ne s'oxydent par l'action du vent. La flamme que donne cette houille est longue et d'une blancheur éclatante ; le coke qu'elle produit est boursouflé et très-léger.

La houille maigre ou sèche contient moins de bitume que l'autre, ce qui est cause qu'elle se comporte au feu d'une manière toute différente ; sa couleur est en général d'un noir beaucoup moins intense que celle de l'autre espèce. Elle s'enflamme avec peine et seulement à l'aide d'une assez forte chaleur ; en brûlant elle garde exactement sa forme, et demeure en morceaux séparés,

entre lesquels l'air circule librement ; de sorte qu'il
n'est pas nécessaire de remuer le feu pour le faire aller,
ce qui est commode pour l'usage domestique. Elle a
aussi l'avantage de durer plus longtemps et d'être par
conséquent plus économique que l'autre. Ce sont ces
qualités qui la font rechercher pour le chauffage de
l'intérieur des maisons préférablement à la houille
grasse, bien qu'elle soit sujette à répandre une odeur
incommode. L'usage de ce combustible commence à se
répandre partout où on peut le livrer à bas prix, et la
construction des canaux et des chemins de fer tend à
le propager de plus en plus, surtout dans les grandes
villes où le bois est toujours fort cher.

On a longtemps disputé sur l'origine de la houille ; il
n'est plus douteux aujourd'hui qu'elle ne soit le résultat
de l'accumulation des végétaux des anciens âges. On
peut suivre par des dégradations insensibles la transfor-
mation du bois en houille, depuis les amas de bois à
peine altérés que l'on trouve en certains lieux, jusqu'à
la vraie houille dans laquelle les apparences du tissu
fibreux ont complétement disparu : certains lignites
forment le passage entre ces termes extrêmes qui par
leurs aspects rappellent entièrement, l'un la nature minérale, l'autre la nature végétale. Ce qui confirme encore cette opinion, c'est que les dépôts de houille sont
presque toujours accompagnés d'une quantité prodigieuse d'empreintes de végétaux, qui se sont moulés
d'une manière durable dans les matières argileuses ou
sableuses qui enclavent le combustible. Ces végétaux,
qui se sont fréquemment conservés avec une délicatesse
aussi parfaite que celle des échantillons réunis dans les
herbiers les mieux soignés, en dépit des milliers de siè-

cles qu'ils ont traversés depuis leur enfouissement, sont
entièrement différents de ceux qui existent aujourd'hui
sous le soleil et dans les mêmes lieux. Les botanistes
ont pu étudier ces végétaux fossiles avec autant de précision que la végétation vivante de nos campagnes, et
ils se sont convaincus qu'ils appartenaient à des espèces
différentes de celles qui fleurissent aujourd'hui sur notre
planète : les plantes qui offrent le plus de ressemblance
avec celles dont les débris ont formé les houillères, sont
celles des régions équatoriales. Les houilles sont, sous
ce rapport, un témoignage de la plus haute importance
pour l'histoire du globe, puisqu'elles attestent par leur
présence dans les régions froides et tempérées, que le
climat actuel de l'équateur a jadis régné sous ces latitudes, et que la température générale du globe a par conséquent diminué depuis les temps anciens jusqu'à nos
jours; l'étude des empreintes que l'on trouve dans les
couches de combustibles qui se succèdent d'étage en
étage dans la série géologique, montre que les plantes
qui correspondent à ces diverses formations, se rapprochent de plus en plus de celles qui existent aujourd'hui,
et que l'abaissement de température a été par conséquent lent et graduel. Les familles actuelles dont les
végétaux houillers se rapprochent le plus, sont celles
des fougères, des équisétacées, des aroïdes, des lycopo-
des. Il est probable que, durant les siècles où les
houilles se sont accumulées, l'activité de la végétation,
favorisée à la fois par la chaleur, par l'humidité et peut-
être par une plus forte proportion d'acide carbonique
dans l'air, était beaucoup plus vive qu'aujourd'hui. Des
plantes qui ne sont plus que des herbes étaient alors des
arbres, comme l'attestent leurs troncs, que quelquefois

l'on trouve encore debout au milieu des couches de sable durci où ils ont été enterrés.

La disposition des couches de houille dans des bassins, ou dans des espèces de golfes formés par des terrains d'une formation plus ancienne, autorise à penser, avec beaucoup de vraisemblance, que ces accumulations proviennent du charriage des végétaux entraînés autrefois dans ces anfractuosités par les cours d'eau qui balayaient les continents ou les îles de cette époque. Les couches sont assez régulièrement stratifiées, se moulent sur les inégalités du bassin qui les renferme, et alternent avec d'autres couches composées de matières sableuses et argileuses, provenant comme elles de l'action destructive exercée par les inondations à la surface de la terre. On y trouve quelquefois des débris de coquilles, des squelettes de poissons et divers insectes. Sans doute, lorsque l'on considère l'énorme volume des lits de végétaux ainsi formés, que l'on ajoute à cette première idée celle de la masse bien plus puissante encore des couches alternatives de grès et d'argile, produites par les mêmes causes et durant les mêmes périodes, l'imagination s'étonne, et l'esprit se porte involontairement à rêver des âges antiques occupés par des phénomènes inouïs, merveilleux, et presque sans rapport avec ceux de la vie terrestre contemporaine : il y a dans quelques localités jusqu'à soixante couches de houille échelonnées les unes au-dessus des autres, avec des couches pierreuses dans les intervalles et se succédant ainsi sur une épaisseur totale de plus de 700 mètres. Quels prodiges de force ne semble-t-il pas qu'il faille concevoir pour l'explication de pareils phénomènes ! Il convient cependant de ne pas se laisser emporter trop promptement à cette première

impression, et de réfléchir qu'il existe à la surface de la
terre une force qui agit par petites impulsions, sans
ébranlements, sans éclats, mais qui, lorsqu'on la laisse
faire, dépasse toutes les autres : c'est la force du temps.
Ouvrez les espaces du temps aux phénomènes dont la
grandeur vous confond, et vous verrez bientôt que, pour
rendre compte de leur accomplissement, il n'est nullement besoin d'appeler à l'aide de la nature actuelle les
renforts d'une énergie inconnue et dont rien ne confirme avec certitude l'existence. Il ne serait pas nécessaire de faire un si grand usage de la théorie des révolutions dans l'histoire de la terre, si l'on n'était pas si
porté à vouloir renfermer cette histoire dans des limites
de temps comparables à celles que la contemplation de
l'histoire de notre espèce nous a rendues familières.
Qu'il ait fallu trois cents ans pour la formation du terrain houiller sur chaque mètre d'épaisseur, dès lors
deux mille siècles auront suffi pour l'achèvement de la
masse dont nous parlions tout à l'heure ; et qu'est-ce
qu'une pareille durée lorsqu'on la compare, non pas à
notre courte et passagère existence, mais aux âges immenses du grand calendrier astronomique, et à la circulation de notre système planétaire autour des étoiles
lointaines?

La véritable houille ne se trouve qu'à un étage déterminé de la série des terrains qui composent la croûte du
globe; elle se présente toujours, lorsqu'elle ne manque
pas, à la partie inférieure des terrains que l'on a nommés secondaires ; mais malheureusement elle fait souvent lacune. Cela se conçoit aisément, d'après ce que
nous avons dit de sa formation ; car les circonstances
dont la présence était nécessaire pour son accumulation

et sa conservation, ont pu ne point exister dans un grand
nombre de localités : ce sont donc seulement quelques
lieux privilégiés, disséminés çà et là sur nos continents,
qui ont reçu ce premier dépôt. Tantôt les couches, cachées sous les bancs de pierre qui les couvrent, reposent à des profondeurs considérables au-dessous du niveau de la mer ; comme dans le département du Nord,
où elles descendent à 5 ou 600 mètres plus bas que la
surface de l'Océan, et comme à Whitehaven en Angleterre, où l'on en exploite au-dessous du fond de la mer
jusqu'à une distance de plus d'un quart de lieue du rivage : tantôt, au contraire, elles se trouvent dans les
montagnes à des hauteurs où, non-seulement les eaux
de la mer ne sont jamais montées, mais où les végétaux
cessent de croître ; il y en a dans la grande Cordillère, à
plus de 4,000 mètres d'élévation absolue au-dessus de
l'Océan : dans les Alpes, il y en a aussi à une fort grande
élévation.

L'épaisseur des couches est très-variable. Tantôt elles
ont moins de 40 centimètres d'épaisseur, tantôt elles
ont 8 mètres et même davantage ; en général, cette épaisseur varie de 1 à 2 mètres. Les zones tempérées dans les
deux hémisphères paraissent être celles où les dépôts de
houille sont les plus abondants et les plus riches ; c'est
un avantage que ces régions, déjà si bien partagées sous
tant d'autres rapports, ont encore à ajouter à ceux dont
elles ont le privilége. Il est possible que cette circonstance tienne à ce que le climat de l'équateur était trop
ardent pour la végétation à l'époque où le climat des
zones tempérées était analogue à celui que possède aujourd'hui l'équateur : dans cette hypothèse, les contrées
équatoriales n'auraient été qu'une terre aride et déserte,

dans le même temps où les terres placées latéralement
au nord et au sud se seraient trouvées garnies au contraire d'épaisses et vigoureuses forêts, périodiquement
ravagées par les crues annuelles des rivières, et destinées à se transformer en couches de houille pour la
commodité et l'industrie des nations futures.

Tantôt les couches de houille viennent aboutir à la
surface du sol, et alors on les exploite à ciel ouvert, ou,
ce qui est plus ordinaire, par des galeries horizontales
ou inclinées, que l'on creuse dans leur intérieur : ainsi,
à Saint-Étienne et à Commentry, on voit des tranchées
d'exploitation entièrement découvertes comme des carrières de pierre ; à Sarrebrück, plusieurs couches qui
affleurent dans la vallée, un peu au-dessus du niveau de
la rivière, sont, au contraire, attaquées souterrainement,
suivant de longues percées qui s'y enfoncent. Tantôt, au
contraire, les couches demeurent profondément enter-
rées, recouvertes, soit par des couches de grès houiller,
soit par des terrains d'une tout autre formation, et qui
n'ont aucun rapport avec la houille : alors, quand l'existence de la houille dans ces profondeurs est suffisamment constatée par des sondages d'essai, on y descend
par des puits verticaux qui recoupent successivement les
couches placées aux divers étages ; on pénètre ensuite
dans chaque couche par des galeries dirigées suivant sa
courbure, qui est souvent fort compliquée : certaines
couches ayant la forme d'un bateau, certaines autres la
forme d'une selle renversée. On divise le massif général
par quartiers, que l'on enlève successivement et avec
ordre, en laissant ébouler derrière soi les terrains supérieurs, ou en les maintenant par des remblais ; la houille
abattue, roulée à bras ou dans des chariots à chevaux

jusqu'au bas des puits, est élevée au jour par des machines à vapeur ; c'est donc elle-même qui, par l'industrie de l'homme fait une partie des frais de son extraction ; elle échauffe la vapeur, et la vapeur devient le principe de force qui la fait monter hors de la mine. Il ne resterait, pour rendre cette exploitation tout à fait admirable, qu'à inventer des machines qui scieraient elles mêmes des quartiers de houille dans la masse ; des machines locomotives conduiraient jusqu'au puits la houille ainsi abattue ; et il suffirait de quelques ouvriers pour présider à une exploitation immense et qui occupe aujourd'hui des centaines de bras.

L'affluence des eaux rend souvent l'enlèvement de la houille fort coûteux. Si les eaux sont abondantes et que la mine soit profonde, on conçoit que le desséchement des travaux ne peut se faire que par l'emploi d'une quantité de force considérable ; on est obligé de payer chaque tonne de houille qu'on extrait, du prix de l'extraction d'une certaine masse d'eau qu'il faut extraire aussi. Ce droit de péage est souvent ruineux et oblige à déserter la mine, qui ne tarde pas alors à se noyer entièrement. Quelquefois on parvient à se débarrasser de la gêne des eaux en fermant hermétiquement les passages par lesquels elles débouchent, ou les anciens travaux dans lesquels on les laisse s'accumuler : mais c'est endormir l'ennemi au lieu de le détruire ; et malheur aux téméraires mineurs qui ont donné asile au danger si près d'eux, si cet ennemi se réveille au-dessus de leurs têtes et renverse les digues dans lesquelles ils avaient pensé l'emprisonner. Quand existe à une distance peu considérable de la mine une vallée assez profonde pour que son fond soit à peu près au même niveau que la partie

inférieure des travaux, on pratique, pour se délivrer des
eaux, une galerie qui met les travaux en communication
avec cette vallée, et par laquelle les eaux s'écoulent naturellement; il n'y a d'autres frais que la dépense première occasionnée par le percement de cette galerie, qui
est ce que l'on nomme une galerie d'écoulement.

L'eau n'est pas le seul ennemi que les mineurs aient
à affronter dans leurs travaux souterrains : le gaz hydrogène qui est enfermé dans certaines couches de houille
comme dans une éponge, et qui s'en dégage à mesure
que l'on y pratique des entailles, cause parfois des incendies plus redoutables encore que les déluges. A l'instant où ce gaz se trouve mélangé avec l'air en assez
forte proportion, la moindre lumière enflamme le mélange, tout l'intérieur de la mine se trouve embrasé
d'un seul coup, les voûtes s'ébranlent, et les hommes,
au milieu de cette flamme qui prend subitement la
place de l'air, sont consumés, asphyxiés, écrasés sous
les débris. On a inventé une lampe, la lampe de Davy,
qui jouit de la propriété de ne point mettre le feu aux
mélanges inflammables, mais elle n'empêche pas l'asphyxie, qui d'ailleurs est souvent causée par le manque
d'air ou par des invasions d'acide carbonique; et, en
outre, comme cette lampe est peu économique en ce
qu'elle neutralise une partie de la lumière, les pauvres
ouvriers négligent quelquefois de s'en servir, et il suffit
d'un moment d'imprudence de leur part pour tout perdre. Les mineurs allemands ont en usage, depuis les plus
anciens temps, une belle formule de salut : lorsque, dans
quelque carrefour de ces dures régions si profondément
séparées de la lumière du jour, et dans lesquelles on
désire la liberté de la respiration comme un bienfait,

deux passants se rencontrent, ils ne prononcent pas
d'autre bénédiction que cette simple et mélancolique
parole — *Glück auf!* — (Que le bonheur soit au-dessus).
Ce n'est pas sous la terre en effet que l'on jouit des dou-
ceurs de la richesse que l'on y va chercher. Ne serait-il
pas juste que les pauvres, qui se condamnent à une vie
si pénible, soient appelés à recueillir par compensation,
lorsqu'ils revoient la lumière du ciel, une plus large
part des biens qu'ils ont contribué à créer?

Il n'y a pas de pays où l'exploitation des mines de
houille ait acquis plus d'importance qu'en Angleterre;
c'est à ce précieux combustible que ce pays doit en
grande partie sa prépondérance industrielle. Le territoire de la France, quoique moins bien traité sous ce
rapport que celui de l'Angleterre, est cependant assez
riche en gisements houillers. Le travail des mines y a
pris un grand développement, surtout depuis le commencement de ce siècle, et son activité, qui n'a cessé
de croître d'année en année, promet d'atteindre encore
plus haut. Les mines occupent maintenant plus de cent
mille ouvriers, et la production annuelle s'est élevée,
en 1859, à près de 75 millions de quintaux métriques.
Cette quantité de houille revient à un massif cubique
d'environ 210 mètres de côté, près de trois fois aussi
haut que la coupole du Panthéon; et son prix s'élève
sur les lieux d'extraction, c'est-à-dire indépendamment
de l'accroissement de valeur causé par le transport, à
une somme d'environ 90 millions de francs : on peut
estimer à une somme à peu près triple son prix sur les
lieux de consommation. Depuis quinze ans la consommation de la houille a doublé en France. A la quantité
de houille que nous venons de mentionner, et qui pro-

vient uniquement du territoire français, il faut encore en
ajouter environ 58 millions de quintaux qui sont venus
d'Angleterre et de Belgique, pour alimenter nos industries malgré les droits d'entrée dont on les frappe à la
frontière. La production de l'Angleterre est décuple de
celle de la France.

Les deux centres principaux de l'exploitation houil-
lère en France sont Valenciennes et Saint-Étienne. A Valenciennes, on a tiré, en 1859, 15 millions de quintaux
métriques, et à Saint-Étienne, 20 millions. A Saint-
Étienne, la concurrence qui existe entre les nombreux
propriétaires de mines, est cause que le charbon est proportionnellement moins cher qu'à Valenciennes, où presque toutes les mines sont dans les mains d'une seule
compagnie, très-puissante, et qui profite largement du
monopole qui lui est assuré par le bénéfice de sa con-
cession, et par la loi de douane. Il y a encore des mines
de charbon sur un grand nombre d'autres points du
territoire français, mais le défaut de communications
faciles et économiques, fait que leur exploitation est
limitée par la consommation de leurs alentours et de
quelques fabriques établies à peu de distance : il est cependant facile de prévoir qu'un jour, par suite du développement industriel de la France, ces points, dont
quelques-uns ont à peine aujourd'hui une faible importance, deviendront, sous le rapport de la production
manufacturière, les cantons les plus riches et les mieux
situés de notre pays : pauvres dans le temps actuel, leur
opulence future est certaine ; ils ont été marqués à
l'avance pour devenir des arrondissements principaux
d'industriels. Les départements qui ont reçu de la nature le don de ce précieux combustible, sont d'après

l'ordre de leur importance minéralogique, les suivants : Loire, Nord, Gard, Saône-et-Loire, Pas-de-Calais, Allier, Aveyron, Bouches-du-Rhône, Tarn, Hérault, Nièvre, Isère, Haute-Saône, Mayenne, Haute-Loire, Puy-de-Dôme, Maine-et-Loire, Moselle, Ardèche, Loire-Inférieure, Vendée, Sarthe, Rhône, Calvados, Creuse, Deux-Sèvres, Bas-Rhin, Hautes-Alpes, Corrèze, Var, Basses-Alpes, Vaucluse, Vosges, Ain, Aude, Lot, Cantal, Dordogne. Cet ensemble est relatif à l'anthracite et au lignite en même temps qu'à la houille. La dissémination des combustibles minéraux, comme on le voit, est assez grande, et si elle n'est pas parfaitement égale, c'est que les diverses parties du territoire ont des avantages différents, et que d'ailleurs aucun pays n'a été fait pour une répartition de population d'une égalité absolue.

DE L'ANTHRACITE

L'anthracite se distingue de la houille en ce qu'il ne contient presque pas de bitume. Il est presque uniquement composé de charbon uni à une quantité variable de matières terreuses. Son aspect est à peu près le même que celui de la houille, cependant il présente certains caractères particuliers difficiles à définir, mais que l'œil apprend aisément à connaître. Sa texture est ordinairement compacte, quelquefois lamelleuse : il tache les doigts, ce que ne fait point la houille. Mais la principale différence entre l'anthracite et la houille vient de

ce qu'on ne peut allumer l'anthracite qu'avec la plus
grande difficulté : cela tient à ce qu'il ne renferme
presque pas de parties volatiles, et que, dans tous les
combustibles, ce sont ces parties qui sont le plus facilement inflammables, et qui, par la chaleur qu'elles dégagent, décident la combustion des parties fixes. L'anthracite ne brûle donc que lorsqu'il est fortement échauffé ;
mais une fois qu'il est embrasé, du moins en grandes
masses, sa combustion se soutient d'elle-même, en produisant une très-haute température, une lumière très-
intense et une flamme peu sensible. L'anthracite, quelle
que soit sa compacité, renferme presque toujours une
certaine proportion d'eau, qui est mécaniquement disséminée dans son intérieur ; il y en a jusqu'à 5 à 6 pour 100.
Cette eau, qui cherche à se dégager lorsqu'elle éprouve
la surprise de la chaleur, est cause d'un grave inconvénient, c'est que le combustible s'éclate en une multitude
de petits fragments qui s'entassent l'un sur l'autre, empêchent la circulation de l'air, et étouffent le feu.

L'anthracite est, comme la houille, le produit d'un
ancien enfouissement de végétaux. Il se lie à la houille
par des passages insensibles, se trouve quelquefois au
milieu des couches de houilles par lits et par rognons,
et se montre aussi accompagné dans ses gisements d'em_
preintes végétales. On rencontre presque constamment
les terrains à anthracite avec d'autres terrains prove
nant, sans aucun doute, de l'action du feu, comme les
porphyres, les amygdaloïdes, etc. Aussi, dans la partie
de la croûte terrestre située au-dessous du terrain houiller, et dans laquelle ces terrains ignés sont fort abondants, toutes les couches de combustibles sont de l'anthracite ; dans les terrains houillers, on a des exemples

de houille qui se change en anthracite au voisinage des masses de porphyre qui la traversent quelquefois ; enfin, au-dessus des terrains houillers, dans les montagnes qui ont été travaillées par des roches ignées, on retrouve encore de l'anthracite. Ce double rapprochement de l'anthracite avec la houille et les roches anciennement fondues, fait assez naturellement penser que ce combustible n'est que de la houille calcinée dans certaines circonstances par les éruptions porphyriques, et privée ainsi de son bitume. L'anthracite ne serait donc qu'un coke particulier, cuit sous une grande pression, et dans la profondeur de la terre.

L'anthracite est certainement moins utile à l'industrie que la houille ; cependant, avec quelques soins on peut en tirer bon parti. Dans beaucoup de pays il est encore négligé. Il en existe en France des dépôts importants dans les départements des Hautes-Alpes, du Gard, de l'Isère, de la Sarthe et de la Mayenne. On s'en sert pour la cuisson de la chaux, des briques, des poteries, pour le chauffage des fours de verrerie, pour celui des foyers domestiques, etc. Son emploi est assez limité ; néanmoins, sa présence dans certaines localités est devenue très-favorable à l'agriculture, en permettant aux cultivateurs de préparer de la chaux en grande quantité et à bas prix. Dans l'Amérique du Nord, l'anthracite joue un bien plus grand rôle que chez nous ; si l'Angleterre est le pays classique de la houille, l'Amérique est celui de l'anthracite. Les dépôts d'anthracite forment une grande partie de la contrée qui s'étend à l'est de la chaîne des Alléghanys ; la Pensylvanie, le Connecticut et la Virginie doivent à ce combustible une grande partie de leur prospérité. Il y est répandu avec une profusion

extraordinaire; en quelques endroits, les couches atteignent jusqu'à 30 ou 40 mètres d'épaisseur, et se continuent régulièrement avec une épaisseur de 10 à 20.
Chose remarquable, il n'y a pas plus de cinquante ans
que les populations, qui tirent aujourd'hui tant de richesse de ce minéral ont commencé à l'exploiter d'une
manière un peu sérieuse. Jusque-là, comme on ne le
considérait que comparativement à la houille, sans s'in-
quiéter de ce que son usage pouvait réclamer de particulier, on s'était habitué à le regarder comme à peu
près sans valeur, et comme une sorte de combustible
imparfait. Aujourd'hui, dans les pays où l'on a appris
à s'en servir, il vaut la houille. Nous aurions à imiter
sous ce rapport l'exemple de l'Amérique, et à faire, sans
nous lasser, de nouveaux essais pour l'appliquer à des
emplois plus multipliés que ceux auxquels il sert pré-
sentement. On avait tenté de s'en servir pour la fusion
du minerai de fer dans les hauts fourneaux, mais des
expériences défavorables et coûteuses ont fait abandonner cette idée.

La quantité d'anthracite extraite en France en 1859
s'est élevée à 6,885,758 quintaux métriques; on pourrait, si l'activité des industries qu'elle alimente était plus
soutenue, en extraire bien davantage.

DU LIGNITE

Le lignite est un charbon minéral différant de la houille
sous plusieurs rapports, mais principalement en ce qu'il

est plus moderne, et que les traces de son organisation
végétale sont moins effacées. Sa couleur varie depuis le
noir le plus intense jusqu'au brun roussâtre. Tantôt il
est compacte et fragile ; tantôt, au contraire, il est fibreux, résistant, et peut se travailler à la scie ou à la
hache comme le vrai bois. Il brûle ordinairement avec
une grande flamme claire, et en répandant une odeur
particulière, âcre, et tout à fait distincte de celle de la
houille. Il donne généralement fort peu de coke et une
cendre légère, blanche ou rougeâtre ; il ne s'agglutine
point dans le feu, et demeure en morceaux séparés pendant tout le temps de sa combustion. La chaleur qu'il
produit est beaucoup moins grande que celle que l'on
obtiendrait d'une même quantité de houille.

On en distingue quatre variétés principales : 1° le jais
ou jayet, dont la couleur noire est caractéristique ; ce
charbon est très-compact, sa cassure est brillante, et
son tissu fibreux ne se manifeste que lorsque l'on en a
chassé le bitume par la chaleur ; il est assez rare, et l'on
s'en sert pour faire des parures de deuil et d'autres ornements ; 2° le lignite friable, qui est moins noir et
moins solide que le précédent, et qui, à peine sorti du
sein de la terre, se délite en une multitude de petits
fragments, ce qui est fort incommode pour l'industrie ;
3° le lignite terreux qui est un bois pourri ; il a l'aspect
d'une terre ; quand il est humide, on peut le mouler
comme de l'argile ; on aperçoit çà et là les traces de
son tissu fibreux, mais il suffit de le presser dans la main
pour que ces traces disparaissent ; il est fréquemment
associé avec la variété suivante ; 4° le lignite fibreux est
celui où le tissu végétal est le mieux conservé ; il a quelquefois la couleur du bois, se fend, se coupe en co-

peaux, et peut servir à la charpente lorsqu'il est en grandes pièces.

Ainsi, cette succession de variétés entre lesquelles il y a une gradation insensible, nous conduit, depuis le jayet, qui ressemble, à s'y méprendre, à certaines variétés de houille, jusqu'au lignite fibreux, qui n'est que du bois, et qui ne diffère, sous aucun rapport essentiel, des amas de bois qui sont encore aujourd'hui charriés par les grandes rivières, et transportés au loin par les courants de l'Océan.

Le lignite est, comme nous l'avons déjà dit, d'une formation plus moderne que la houille ; cette différence d'âge est constatée, parce que les terrains où l'on rencontre le lignite sont toujours placés au-dessus de ceux qui renferment la houille ; le combustible s'y trouve lui-même à diverses hauteurs, suivant qu'il est plus ou moins récent. Il est amassé, comme la houille, par couches moulées sur les inégalités du bassin qui les contient. Mais ce qui est fort remarquable, non-seulement sous le rapport de l'histoire de l'ancienne végétation du globe, mais sous celui de la géographie industrielle, c'est que ces couches n'atteignent jamais la puissance des couches de houille, et ne sont non plus jamais aussi multipliées. Il n'y a pas de gisement houiller qui ne soit un centre de richesse manufacturière, ou ne soit capable de le devenir ; il y a au contraire un très-grand nombre de gisements de lignite qui sont des lieux tout à fait pauvres, et il y en a fort peu qui soient le sujet d'une exploitation bien vigoureuse.

Une des méprises les plus habituelles aux personnes étrangères à la minéralogie, est de confondre le lignite avec la houille : on met la main sur un échantillon de lignite, et parce que c'est du charbon, on se figure avoir trouvé les indices d'une mine de houille : on perce des puits, on creuse des galeries, on se ruine en dépenses considérables, et en définitive on parvient à une maigre couche de lignite de 40 à 50 centimètres d'épaisseur, fournissant un mauvais charbon et de qualité trop médiocre pour mériter les frais d'aucun transport. Si l'on avait commencé par s'assurer que les terrains dans lesquels on se proposait d'ouvrir des recherches étaient plus modernes que le terrain houiller, on aurait su à l'avance, et d'une manière incontestable, ce qu'il était possible d'y rencontrer, et l'on ne se serait pas vainement flatté de la chimère d'une mine de houille. Dédain fâcheux de la science ! il n'y a peut-être pas d'article de l'art des mines qui soit établi sur des principes plus certains que cette distinction entre le gisement de la houille, et de ce qu'on peut nommer la fausse houille, et c'est celui sur lequel on commet journellement et presque partout le plus grand nombre d'erreurs. Il suffit de dire, pour faire comprendre la cause de tant de déceptions, qu'il y a des lignites en plus ou moins grande abondance, non-seulement par couches peu épaisses, mais par troncs épars, par fragments de branches, dans presque tous les terrains secondaires; rien n'est donc plus commun que d'en trouver quelques morceaux, et l'esprit, toujours disposé à s'exagérer l'importance des découvertes que le hasard lui procure, s'emporte bien vite à rêver la fortune.

Les lignites ne sont cependant pas sans valeur, surtout dans les pays où les autres combustibles ne sont pas abondants. Leur exploitation, lorsque les couche méritent attention par leur épaisseur, ne doit donc pas être négligée. Malgré l'odeur désagréable due à leurs principes et au sulfure de fer dont ils sont fréquemment chargés, et qui répand ce gaz irritant produit par la combustion du soufre, on peut les employer pour le chauffage domestique et pour celui de diverses sortes de manufactures. L'exploitation se fait souvent à ciel ouvert, ce qui permet de livrer les lignites à très-bas prix. Dans quelques endroits, on les brûle sur place pour en retirer les cendres qui servent à l'amendement des terres; dans d'autres endroits, la quantité de sulfure de fer et d'argile dont ils sont mêlés fait qu'il s'y produit par la combustion divers sulfates, que l'on retire ensuite des cendres en les lessivant; ces lignites deviennent ainsi le principe de fabriques souvent fort importantes de vitriol et d'alun. Dans les environs de Cologne, il y a un dépôt de lignite de plusieurs lieues d'étendue, et qui, sur quelques points, atteint jusqu'à 20 mètres d'épaisseur; il est formé de troncs d'arbres entassés confusément, et dont quelques-uns ont encore toute leur élasticité. Ce dépôt, qui est une des plus belle formations de lignite que l'on puisse citer, est exploité pour la fabrication de l'alun et pour le chauffage des maisons peu riches et d'une multitude de fabriques.

Il existe auprès de Paris deux dépôts de lignites fibreux formés dans les temps reculés par les eaux de la Seine; l'un se trouve au port à l'Anglais, l'autre dans l'île de Chatou; ils n'ont jamais été exploités d'une manière suivie, ni l'un ni l'autre, et ne méritaient vraisemblablement pas d'être traités avec plus de considération.

Nous ne devons pas omettre, parmi les dépôts de lignite que nous mentionnons, celui de la Belle-Étoile en

Dauphiné. Il est formé par des troncs de bouleaux, d'aulnes et de mélèzes, arbres qui sont actuellement étrangers à ces montagnes, et se trouve à une hauteur de 2,000 mètres au-dessus du niveau de l'Océan, tandis que dans ce pays la végétation des arbres cesse aujourd'hui à une hauteur de 1,800 mètres. Il faut donc nécessairement choisir entre ces deux hypothèses : que le climat se soit abaissé, ou que la masse générale de la montagne se soit soulevée, depuis l'époque où cet intéressant dépôt s'est produit.

Au surplus, comme nous l'avons déjà dit, les dépôts de lignite continuent à se former tous les jours ; ils se font principalement par les rivières qui traversent les pays incultes, et dont les débordements, que rien n'arrête, s'étendent beaucoup, et portent le ravage dans les forêts vierges qui couvrent les plaines et s'avancent jusque sur les lignes du rivage. Aucun fleuve n'est plus curieux sous ce rapport que le Mississipi ; les masses de bois qu'il charrie donnent parfaitement l'idée de celles qui, dans l'ancien monde, ont pu devenir l'origine des couches de houille. Il existe près de son embouchure, dans une de ses branches latérales, un immense radeau, ou plutôt une île flottante de plusieurs lieues de longueur et de 2 à 3 mètres d'épaisseur, formée de troncs d'arbres et de branchages entrelacés, de manière à constituer un plancher solide qui monte ou descend selon le niveau des eaux, et sur lequel une belle végétation parasite est venue se fixer. Cette masse, qui s'accroît d'année en année, finira sans doute par obstruer entièrement le fleuve, et demeurer alors au milieu des sables, ou par couler à fond, ou par s'en aller en débâcle échouer quelque part à la côte. Dans tous les cas, ce

sera une couche puissante de lignite que nous aurons
vue se créer, et que nos neveux, trop éclairés pour en
rapporter l'origine, suivant l'exemple de quelques-uns
de leurs ancêtres, à une épouvantable révolution du
globe, exploiteront peut-être un jour.

L'étude des lignites fournit une remarque fort importante sous le rapport de la géologie ; c'est que les végétaux, dont ces dépôts sont composés, s'éloignent de plus.
en plus des végétaux des houillères, et se rapprochent
au contraire de plus en plus de ceux qui existent aujourd'hui à la surface de la terre, dans les mêmes localités, à mesure qu'ils appartiennent à des dépôts plus
modernes. Cette différence entre les végétaux qui ont
donné naissance aux deux sortes de dépôts, a peut-être
contribué, non moins que les autres circonstances contemporaines de la formation, à produire dans les combustibles eux-mêmes des qualités distinctes. La puissance des couches de lignite, comparativement beaucoup moindre que celle des couches de houille, ten-
drait aussi à faire penser que la végétation était beaucoup moins active à l'époque des lignites qu'à celle des
houilles. L'ardeur du climat, en diminuant progressivement de siècle en siècle depuis le régime le plus chaud
jusqu'à notre régime tempéré, devait produire, dans la
succession des végétaux enfouis aux diverses époques,
les uns au-dessus des autres, une chaîne analogue à celle
que nous voyons aujourd'hui se développer à la surface
de la terre, depuis l'équateur jusqu'aux zones moyennes.

Nous terminerons l'histoire du lignite par un mot sur
le succin ou ambre jaune. C'est une résine fossile qui dé-
coulait jadis du tronc des arbres aujourd'hui convertis
en charbon et qui empâte quelquefois des mouches ou

d'autres insectes de l'ancien monde, qu'elle nous a conservés comme des momies naturelles. Dans les arts on
emploie le succin pour divers objets d'ornement. Cette
substance paraît avoir flatté le goût des hommes depuis
la plus haute antiquité ; recueillie en assez grande abondance sur les bords de la mer Baltique, elle faisait, au
temps de la république romaine, un des principaux objets d'échange entre le Nord et le Midi. On continue
toujours à lui attacher une certaine valeur ; mais dans
l'immensité des matériaux que le mouvement commer-
cial embrasse, on peut dire que le succin est aujourd'hui
presque entièrement noyé.

DE LA TOURBE

On donne le nom de tourbe à une sorte de lignite formée non par du bois, mais par des plantes herbacées,
et particulièrement par des plantes marécageuses. Ainsi
que cela a lieu pour les lignites, tantôt le tissu végétal est indistinct, tantôt, au contraire, ce tissu est
parfaitement apparent, et l'on peut très-nettement reconnaître toutes les espèces de plantes dont il est composé. En général la tourbe est un charbon léger, très-
spongieux, d'une cassure terne et terreuse, et d'une couleur brune ou gris noirâtre. La quantité de matières volatiles contenues dans la tourbe, et, par conséquent, la
quantité de flamme qu'elle fait est très-variable : le feu
est tantôt sombre et tantôt extrêmement clair. Certaines
tourbes se carbonisent très-bien, et donnent une espèce

de coke assez consistant qui tient convenablement au feu et produit une chaleur très-intense. Cette propriété est très-précieuse, car elle permet d'espérer que l'on pourra appliquer la tourbe à divers usages, et notamment à la fabrication du fer, en remplacement de la houille; des essais faits dans ce but ont déjà pleinement réussi. Les cendres sont une terre légère, plus ou moins saline, d'une couleur blanche ou rougeâtre.

La tourbe offre deux variétés principales, dont les différences apparentes paraissent dues à une différence d'ancienneté.

La première, connue sous le nom de tourbe pyriteuse, ou de tourbe profonde, se trouve à une certaine profondeur, sous des couches de sable ou même de calcaire. Elle est associée à des coquilles dont les espèces sont différentes de celles qui existent de nos jours; quelquefois même on trouve, dans les terrains qui la recouvrent, des coquilles marines qui attestent que, depuis son dépôt, la mer a fait séjour dans ces mêmes lieux. Cela montre suffisamment que son origine remonte à des temps fort reculés, et si l'on pouvait étudier distinctement les herbes dont elle est composée, on verrait, sans aucun doute, que ce sont des herbes que nous ne connaissons plus aujourd'hui. Son tissu est compacte, sa couleur est le brun noirâtre, et son aspect est assez analogue à celui de certains lignites : elle contient une très-grande proportion de sulfure de fer, qui est cause que, quand on la laisse exposée à l'air, elle s'enflamme quelquefois spontanément.

La seconde variété, la tourbe des marais, est le véritable type de ce genre de combustible : on la trouve quelquefois dans des fonds de vallées qui ont été jadis

des marais, et qui sont maintenant des prairies : elle repose à peu de profondeur au-dessous de la terre végétale, et il y a souvent plusieurs couches superposées et
séparées seulement par des lits de sable ou d'argile.
D'autres fois, au contraire, on la trouve dans son lieu
originaire, dans le secret de sa création, pour ainsi dire,
au fond des marais où elle continue à se former encore
tous les jours sous nos yeux. Son tissu est filamenteux :
parmi les plantes qui la composent, quelques-unes,
comme les roseaux, sont très-distinctes et très-bien conservées ; les autres, au contraire, sont entièrement
charbonnées et décomposées ; en général les parties les
plus inférieures sont les plus compactes, ce qui tient
non-seulement à leur plus grande ancienneté et à la
pression plus forte à laquelle elles sont soumises, mais
au genre de plantes qui constitue particulièrement les
couches profondes.

Les plantes qui contribuent le plus activement à la
formation de la tourbe, sont les conferves, ces plantes
filamenteuses, d'un vert tendre et velouté, réunies par
amas qui ont quelque chose d'onctueux et presque de
gélatineux, qui caractérise les eaux dormantes, et que
chacun sans doute se rappelle y avoir vu. Cette végétation se développe avec une activité surprenante dans le
fond de certaines eaux marécageuses; les plantes mortes
tombent pêle-mêle sur le fond en même temps que les
débris des roseaux, des sphaignes à larges feuilles, et
des autres végétaux qui croissaient dans les eaux; et,
sous l'influence de certaines circonstances qui ne sont
pas bien connues, ces plantes, au lieu de continuer à se
décomposer, après s'être légèrement charbonnées, se
condensent en une seule masse, et se conservent presque

11

sans altération, comme plusieurs faits le montrent, pendant des milliers d'années. Cependant la tourbe ne se fait pas indifféremment partout : il y a des marais très-riches en conferves et en plantes de toutes sortes, où l'on n'en trouve pas un atome ; il faut donc pour sa formation des conditions particulières qui nous échappent. On peut mettre les marécages tourbeux en coupe réglée comme les bois. La tourbe une fois enlevée, il s'en produit de nouvelle qui s'accumule d'année en année et finit par fournir une couche qui remplace celle que l'on a prise. La rapidité de cette production est variable; elle dépend de la vigueur de la végétation aquatique. Dans certaines tourbières de France, on compte généralement cent ans pour terme moyen de cette crue; en Hollande on n'en compte que trente ; et même, d'après des observations faites à Harlem, une couche de tourbe de 1ᵐ,33 d'épaisseur, mais à la vérité très-spongieuse, s'est formée en six ans au fond d'un bassin dans le jardin du directeur du Muséum.

Il y a des contrées très-vastes qui n'ayant été dans les temps anciens que de vastes marécages, reposent presque dans toute leur étendue sur des couches de tourbe situées à peu de distance de la superficie du sol. Telle est la Hollande, dont la tourbe est le combustible par excellence, et qui serait fort malheureuse si elle en était privée. On est presque sûr, en creusant la terre, d'y rencontrer à une petite profondeur une couche tourbeuse plus ou moins épaisse : cette tourbe contemporaine des temps où la Hollande, grâce aux boues charriées par le Rhin, a commencé à sortir de la mer, renferme des squelettes assez nombreux de castors, qui jadis bâtissaient leurs huttes au milieu de ces solitudes aquatiques; on y trouve aussi des pirogues faites d'un seul tronc d'arbre, et d'autres instruments qui nous font connaître l'état sauvage des premières familles qui sont venues se fixer dans ces régions barbares, aujourd'hui si florissantes.

Dans les pays de montagnes, la tourbe se rencontre par dépôts plus resserrés, et situés soit dans des gorges, soit sur des plateaux humides. On en cite des couches qui sont entièrement formées de mousse ou de brins d'herbe ; leur formation s'explique comme celle des tourbes de conferves, par la végétation continuelle de ces mêmes plantes au-dessus des débris de celles qui sont mortes. Ces couches vont en s'exhaussant d'année en année, comme ces îles de madrépores de l'océan Pacifique, qui, formées aussi de dépouilles organisées, demeurées sur la place où elles ont vécu, et entassées les unes au-dessus des autres, se sont élevées progressivement depuis le fond des eaux jusque dans l'atmosphère. Il y a aussi dans les montagnes des couches de tourbe composées de feuilles, et particulièrement de feuilles de sapin ; elles proviennent évidemment de transports faits par les torrents dans de petits bassins : leur nature est bien celle des tourbes, mais leur mode de formation celui des lignites. Enfin, on trouve également dans les montagnes des couches de tourbe, qui, situées au-dessus de la limite à laquelle la végétation des plantes s'arrête aujourd'hui, nous font le même enseignement géologique dont nous avons déjà parlé au sujet des lignites.

Lorsque la tourbe est à sec, on l'exploite très-commodément avec des bêches qui, à chaque coup, la découpent par petites mottes. Quand elle est dans le fond des marais, les ouvriers se mettent sur des bateaux et la ramassent avec des dragues. Quelquefois elle est déposée dans des lieux tellement humides, que l'eau y afflue en abondance dès que l'on y creuse : alors on cherche à dessécher les champs d'exploitation au moyen d'une tranchée débouchant dans une vallée plus basse. Dans ce cas on enlève souvent la tourbe avec des bêches à très-long manche, qui plongent dans l'eau. Si l'on ne prenait pas les précautions nécessaires pour l'écoulement des eaux, l'exploitation de la tourbe transformerait les lieux où elle se fait en marais insalubres et contraires au bien général du pays : au contraire, avec un bon système de dessèchement, on enlève dans ces mêmes lieux tout le combustible qu'ils contenaient, et on les rend à l'agriculture en bien meilleur état. La Hollande est le pays classique pour tout ce qui concerne l'exploitation de la tourbe.

La tourbe sert non-seulement dans l'économie domestique, mais elle se prête à peu près à tous les mêmes usages que le bois. On s'en sert pour la cuisson des briques, des poteries, de la chaux, pour l'évaporation des liquides, le chauffage des chaudières, etc. On a déjà commencé, ainsi que nous l'avons dit, à l'appliquer au traitement métallurgique des minerais de fer dans les Vosges et dans nos provinces méridionales. Enfin, ses cendres fournissent un excellent amendement pour les terres, et celles de la variété ancienne sont employées, comme celles de certains lignites, à la fabrication du vitriol et de l'alun.

DU BITUME

Le bitume est un combustible minéral qui paraît avoir, aussi bien que celui dont nous venons de parler, une origine végétale. On peut le retirer de la houille par la distillation, ce qui prouve qu'il existe entre lui et cette substance les plus grands rapports : les houilles grasses en contiennent une très-grande proportion. Cependant on le rencontre dans l'intérieur de la terre, isolément, et dans des terrains qui, en apparence, ne se rattachent nullement au terrain houiller. Il est possible qu'il ait été produit par la décomposition de végétaux particuliers avec le concours de circonstances spéciales. Quoi qu'il en soit, sa consistance est très-variable ; et bien qu'on ne puisse établir entre ses diverses variétés aucune division nettement tranchée, il y en a de fort distinctes ; les unes qui sont solides et ne se fondent qu'à la chaleur, se rapprochent des houilles grasses, tandis que d'autres, au contraire, qui sont diaphanes et d'une fluidité constante, ressemblent plutôt à l'huile de térébenthine. Ce sont les deux extrêmes. Du reste, la composition des bitumes est toujours analogue à celle des autres combustibles charbonneux ; c'est du carbone uni à l'hydrogène en plus ou moins grande proportion. On distingue les variétés principales par des noms particuliers.

Le bitume asphalte est dur et cassant à froid, plus pesant que l'eau pure, de couleur noire : il se fond à la chaleur, et brûle lorsqu'on l'échauffe suffisamment, en

donnant une grande flamme et une fumée épaisse ; il
laisse un résidu après sa combustion. Il est très-abondant sur la mer Morte ou lac asphaltique, à la surface
de laquelle il surnage, favorisé par la densité des eaux.
Les Égyptiens s'en sont servi pour la conservation des
cadavres.

Le bitume pétrole est le plus commun. Il est d'une
couleur brune ou brun rougeâtre, d'une consistance
visqueuse plus ou moins épaisse, et d'une fluidité qui
augmente par la chaleur. Il brûle avec beaucoup de
flamme, et beaucoup de fumée, en laissant très-peu de
résidu. C'est une sorte de goudron minéral. On peut
l'employer, à peu près, comme cette substance, pour la
conservation des bois, des tissus et des cordages. On s'en
sert très-avantageusement dans les constructions comme
de ciment : il s'oppose efficacement au passage de l'humidité. En le mélangeant avec du gros sable, on en fait
des dalles qui acquièrent beaucoup de consistance, et
qu'on unit très-solidement en une seule masse, en sou-
dant les joints à l'aide de la chaleur. Dans divers pays,
et particulièrement en Orient, on l'emploie communément dans les lieux où on le trouve, comme combustible
et comme matière d'éclairage. Il est naturellement déposé dans certaines couches de sable, d'argile ou de
calcaire, qu'il imprègne plus ou moins complétement.
Dès que l'on y pratique une cavité, le bitume, en raison
de sa demi-fluidité, transsude aussitôt, et vient de toutes
parts se réunir comme dans un bassin. Aussi trouve-t-on
des endroits où le bitume s'écoule par des fissures naturelles qui traversent les terrains où il est contenu, et
qui deviennent ainsi de véritables sources de cette substance. On observe quelquefois certains rapports entre

des terrains volcaniques et des sources de cette espèce :
on pourrait croire que cela provient de ce que des feux
souterrains auraient calciné des couches de houille, et
en auraient chassé le bitume ; cette explication laisse
cependant beaucoup à désirer. On trouve ainsi du bitume dans les tufs et dans les laves de l'Auvergne. Celui
de l'Alsace, qui est exploité en grand pour la fabrication des mastics, est répandu dans du sable et dans du
calcaire. Il y en a des qualités analogues près de Dax et
près de Seyssel. Pour retirer le pétrole de la terre avec
laquelle il est intimement mélangé, on se contente de
faire chauffer la masse dans de grandes chaudières avec
de l'eau ; le bitume devient fluide, surnage, et on l'enlève comme une écume.

On donne particulièrement le nom de malthe à une
variété de pétrole qui est un peu plus noire, plus lourde
et plus consistante que le pétrole ordinaire : elle porte
vulgairement le nom de poix minérale. On la trouve
dans les mêmes gisements que la précédente dont elle
n'est qu'une légère modification. On en fait d'excellents
mastics.

Le naphte est un bitume assez rare, mais fort remarquable ; il est blanc, parfaitement fluide, d'une odeur
pénétrante, d'une transparence parfaite, et encore plus
inflammable que les autres bitumes ; il suffit d'en ap-
procher un corps embrasé pour qu'il prenne aussitôt
feu comme de l'alcool. Il donne une flamme bleuâtre,
une fumée épaisse et ne laisse aucun résidu. Lorsqu'on
le laisse à l'air quelque temps, il s'épaissit et se change
en pétrole. On l'emploie en pharmacie comme baume,
et il est très-recherché surtout des Orientaux, qui ont
une grande confiance dans ses vertus médicinales. Celui

que l'on trouve dans le commerce est presque toujours
mélangé avec un peu d'essence de térébenthine. Il en
existe des sources dans le Caucase et sur les bords du
Tigre ; on le recueille avec grand soin et on le vend fort
cher. C'est un minéral extrêmement singulier : l'essence
de térébenthine en donne assez bien l'idée ; il est probablement, comme elle, le produit de la décomposition
de certains végétaux.

DU SOUFRE ET DE QUELQUES AUTRES COMBUSTIBLES NON CHARBONNEUX

Si le soufre ne possédait pas une belle couleur jaune,
qui cependant s'altère quelquefois, et si l'odeur caractéristique qu'il répand pendant sa combustion ne le tra-
hissait pas, on pourrait à la première vue le prendre
pour quelque bitume : aussi s'imagine-t-on vulgairement
qu'il y a entre ces deux sortes de substances beaucoup
d'analogie. Il n'en est rien cependant, et le soufre et le
bitume n'ont pas d'autres rapports que quelque ressemblance superficielle. Le soufre est un corps simple, c'est-
à-dire qu'on ne saurait le décomposer par aucun procédé ; ce qui n'a pas lieu pour le bitume. Il cristallise
suivant des formes régulières, ce que ne fait pas non plus
le bitume. Enfin, il n'a pas avec la nature végétale les
relations qui semblent exister entre elle et les divers bitumes, et il est un minéral parfait. Le bitume en brûlant
donne naissance à de l'eau et à de l'acide carbonique ;
le soufre en brûlant donne naissance à de l'acide sulfu-

reux qui est complétement différent de ces deux autres
produits. Ce sont donc deux corps entièrement distincts.
Le soufre se volatilise à une chaleur à peu près double
de celle de l'eau bouillante, et se fond à une chaleur un
peu moindre ; il faut une température élevée pour l'enflammer, mais il suffit qu'un seul point soit échauffé
pour que toute la masse prenne promptement feu.

Le soufre est très-abondamment répandu dans la nature, soit combiné directement avec l'oxygène comme
les substances métalliques, et formant ce qu'on nomme
des sulfures, tel que le sulfure de fer, par exemple, ou
combiné avec de l'oxygène et des oxydes, et formant
alors des minéraux nommés sulfates : nous avons déjà
parlé du sulfate de chaux. Dans son état de pureté et libre de toute combinaison, il est beaucoup plus rare. On
ne le trouve jamais par grandes masses. Certains terrains de la période secondaire en renferment des nids,
des veines, de petits amas irrégulièrement disséminés,
il est fréquemment associé avec les marnes salifères ;
mais c'est dans les terrains volcaniques que parait être
son gisement de préférence. Il est peu de volcans au voisinage desquels on ne trouve pas de soufre se volatilisant par quelques fissures : les solfatares du Vésuve
sont depuis longtemps célèbres, il y en a encore plusieurs autres en Italie, en Sicile, près des volcans de
l'Islande, et dans toutes les autres parties du monde.
Certaines eaux thermales déposent continuellement,
sous forme d'une farine blanchâtre, du soufre provenant de la décomposition de l'hydrogène sulfuré qu'elles
contiennent.

On se procure le soufre, en ramassant celui que l'on
rencontre naturellement, et en le distillant pour le sé-

parer des matières terreuses avec lesquelles il est mélangé. Ce que l'on nomme la fleur de soufre, n'est autre chose que le produit de la vapeur de soufre subitement refroidie et changée, pour ainsi dire, en un
brouillard à globules solides ; en laissant cette vapeur
se refroidir plus lentement, elle se dépose sous forme
de soufre liquide, que l'on moule sous forme de canons. On peut aussi préparer le soufre en distillant le
sulfure de fer qui existe en très-grande quantité dans le
sein de la terre : le fer abandonne par l'action de la chaleur une partie du soufre avec lequel il était combiné ;
c'est ce que l'on recueille. Pendant la gêne commerciale
des guerres de l'empire, le soufre préparé par cette industrie avait presque entièrement remplacé le soufre natif. La fabrication de la poudre en causait une grande
consommation.

Les usages du soufre sont très-nombreux ; aussi doit-
on regarder ce minéral comme un des plus utiles à
l'homme. Il sert à la fabrication de la poudre à canon,
de l'acide sulfurique, et d'un grand nombre de sulfures,
tels que le vermillon, l'orpiment, etc., très-répandus
dans les arts. Il est aussi employé par la médecine dans
les préparations pharmaceutiques. On s'en sert pour
prendre des empreintes de médailles, pour sceller le fer
dans la pierre et pour divers autres objets. Enfin, l'admirable facilité avec laquelle il s'enflamme le rend un
des corps les plus précieux pour le service domestique :
il est le principe fondamental de presque toutes les al-
lumettes ; et si l'on mesure l'importance de ce service
d'après sa véritable valeur, et non d'après ce qu'il semble au premier regard, on conviendra que la société
possède peu de corps auxquels elle ait recours plus sou-

vent et desquels elle retire à chaque fois un plus éclatant bienfait.

La combustion, n'étant autre chose que le phénomène qui se produit lorsqu'un corps se combine directement avec l'oxygène, en dégageant une certaine quantité de chaleur et de lumière, il est aisé de concevoir que cette propriété est de nature à appartenir également à plusieurs corps. Le charbon et le soufre sont néanmoins les deux corps solides qui en jouissent au degré le plus éminent ; cela vient, non-seulement de leur affinité pour l'oxygène, mais aussi de l'état gazeux du produit oxygéné qui se forme, et qui, à peine formé, s'en va de lui-même, laissant toujours à nu la surface brûlante. Il existe un corps simple qui n'est point isolé dans la nature, mais que les chimistes savent extraire de ses combinaisons ; on le nomme le bore ; il est combustible comme le carbone, et présente d'ailleurs de grandes analogies avec lui ; mais, en se combinant avec l'oxygène, il donne naissance à un produit solide ; cela fait que la combustion d'un fragment de cette substance, bien que fort vive au premier moment, s'arrête bientôt, parce que sa surface se recouvre d'un enduit d'acide borique qui intercepte toute communication avec le gaz oxygène. Si le globe terrestre a été primitivement incendié par son atmosphère, c'est un obstacle de ce genre causé par la croûte oxydée formant enduit sur la surface, qui aura empêché la combustion de se poursuivre, et qui nous aura conservé à l'état gazeux l'oxygène que nous respirons aujourd'hui. Le fer, lorsqu'il est rougi à blanc, brûle dans l'air en jetant des étincelles fort vives ; mais, comme la chaleur que cette combustion produit n'est pas assez grande pour maintenir la masse dans son état d'incan-

descence, la vivacité de ce feu ne tarde pas à se ralentir
et il ne se fait plus qu'une sorte de combustion lente et
sombre, qui donne naissance à ces écailles d'oxyde qui
se détachent du fer, et que l'on nomme des battitures.
Le zinc échauffé au rouge blanc prend feu également,
et, comme il est volatil, il produit de belles flammes verdâtres. L'arsenic jouit aussi de la propriété de brûler
avec une flamme verte.

Nous n'entrerons pas au sujet de la combustion dans
un plus grand nombre d'exemples. Qu'il nous suffise de
dire que tous les corps qui ont une vive affinité pour
l'oxygène se combinent directement avec lui lorsqu'ils
sont portés à la température où cette affinité acquiert
une énergie suffisante, que cette combinaison développe
en général une chaleur assez intense pour rendre le
corps lumineux, et que la condition nécessaire pour la
production de la flamme est que l'un des corps soit volatil ; les molécules, en s'élevant dans l'air, se joignent
sur leur passage avec l'oxygène qu'il renferme, et deviennent lumineuses à mesure que cette alliance se
forme. La flamme d'une bougie, depuis la mèche où la
cire fondue entre en ébullition et se décompose en donnant naissance à des gaz combustibles, jusqu'à la pointe
où la combustion de toutes les molécules est achevée,
forme un des phénomènes chimiques les plus intéressants que l'on puisse étudier.

Un phénomène particulier de combustion est celui qui
résulte de l'union de deux gaz, comme le gaz oxygène et
le gaz hydrogène, préalablement mélangés dans les proportions convenables pour la combinaison. En effet, dans
ce cas la combustion, au lieu de s'opérer progressivement et seulement par les surfaces en contact, s'opère

instantanément et en donnant une flamme pareille à l'éclair qui remplit d'un seul jet tout l'espace qu'occupaient auparavant les gaz mélangés. Mais ce qui est encore plus remarquable peut-être dans cette combustion, c'est qu'il n'en résulte, lorsque les gaz sont purs, aucun autre produit que de l'eau. Ce corps, que l'on avait si longtemps regardé comme un élément simple, n'est autre chose que le résultat de l'alliance de l'hydrogène et de l'oxygène; son poids est exactement le même que celui des deux gaz qui, après leur combustion, ont disparu en la laissant à leur place; et, en la décomposant suivant certains procédés, on sépare de nouveau les deux gaz qui lui avaient donné naissance. Ce phénomène de combustion, qui n'est autre que celui de la génération de l'eau, renferme donc un des plus curieux enseignements de la chimie, et mérite véritablement d'exciter l'admiration, tant par son éclat que par sa profondeur philosophique. Ce sont des explosions de cette espèce qui se produisent quelquefois dans l'intérieur des mines de houille, et il ne manquerait pas de s'en produire dans l'intérieur des maisons éclairées au gaz, si l'on n'avait pas le soin d'allumer le gaz à l'instant où il sort du tuyau qui le conduit et avant qu'il n'ait eu le temps de se mélanger avec la masse d'air qui remplit l'appartement.

L'hydrogène existe dans la nature; il se dégage non-seulement du sein des couches de houille, comme nous l'avons déjà dit, mais on le voit sortir, et souvent en très-grande abondance, du sein de diverses couches pierreuses. Il accompagne aussi, dans certaines circonstances, les éruptions volcaniques. Lorsque ces sources gazeuses sont assez abondantes, on y met le feu, et l'on

a un jet de flamme continu dont on peut se servir pour
certains objets. Ce que l'on pourrait nommer l'exploitation du gaz hydrogène, n'est toutefois en activité que
dans une seule contrée, qui est la Chine : les habitants
creusent jusqu'à une très-grande profondeur des trous
de sonde dans des terrains connus pour renfermer ce
gaz; ils recueillent dans des conduits de bambous celui
qui se dégage par ces orifices qu'ils nomment des *puits
de feu*, et s'en servent, soit pour l'éclairage, soit pour le
chauffage et le service des usines. Il serait possible que
d'autres pays, dans lesquels on n'a point encore eu l'idée
d'aller à la recherche de ce singulier minéral, en fussent également doués, et que nos neveux amenassent un
jour, à peu de frais, à la surface de la terre, cette richesse qui, ainsi que beaucoup d'autres sans doute, repose sous nos pieds, et nous échappe par la faute de
notre ignorance.

CHAPITRE QUATRIÈME

LES MINERAIS MÉTALLIFÈRES

—

DES MINERAIS MÉTALLIFÈRES EN GÉNÉRAL

On s'aperçoit avec surprise, lorsqu'on prend la peine d'y réfléchir, qu'il n'est pas possible de bien définir le mot métal. Il semble en effet, à première vue, qu'il n'y en ait pas dont l'idée soit plus claire. Mais lorsque l'on considère l'ensemble de tous les corps, on reconnaît de telles liaisons entre ceux qui nous paraissent répondre parfaitement à l'idée que nous avons des métaux, et ceux qui n'y répondent pas du tout, que la limite intermédiaire est très-difficile à fixer. On peut dire que les métaux sont des corps dont les atomes sont simples, c'est-à-dire indécomposables, à surfaces éclatantes, se laissant facilement pénétrer par l'électricité et la chaleur, se combinant en général avec l'oxygène, et donnant naissance ou à des acides, ou plus souvent à des oxydes susceptibles de neutraliser les acides en s'unissant avec eux. C'est, comme on le voit, une définition fondée sur des traits un peu vagues. Les propriétés qui nous font rechercher les métaux usuels, et qui, par cela même, sont caractéristiques pour l'usage ordinaire, offrent plus de précision, mais elles ne sont qu'accessoires, n'appartiennent pas à tous les métaux, et sont communes à des corps qui ne sont pas métalliques. Ces propriétés sont en général la dureté, la ténacité, la fusibilité ou la malléabilité, la densité, l'éclat. Les métaux ne sont donc pas une classe de corps bien tranchée ; ainsi l'étain étant exactement ce que nous nommons un métal, il faut que l'antimoine qui a une multitude de rapports naturels avec l'étain, soit un métal aussi; de l'antimoine on passe à l'arsenic, et de l'arsenic à une série d'autres corps, et notamment au soufre, qui ne sont plus métalliques du tout. D'un autre côté, du plomb on passe, par la même force d'analogie intime, au potassium, radical de la potasse, au calcium, radical de la chaux, et à d'autres corps qu'on est obligé de ranger parmi les métaux, quoique, sur bien des points, ils soient totalement différents de nos métaux usuels.

Heureusement la rigueur chimique ne nous est pas ici absolument nécessaire. Nous comprendrons et nous examinerons, sous le nom de métaux, les corps suivants, que, malgré leur grande différence, le langage vulgaire s'est partout accordé à réunir sous cette dénomination commune ; le fer, le cuivre, le plomb, l'argent, le mercure, l'étain, le zinc, l'or, le platine, l'antimoine, le bismuth, le nickel; nous y joindrons l'arsenic, le cobalt, le chrome et le manganèse, qui sont moins généralement considérés comme métaux, parce qu'on ne les emploie pas à l'état de métal, mais à l'état de combinaison, et qui rendent également divers services dans les arts.

Quant aux métaux, tels que le potassium ou le calcium, dits alcalins ou terreux parce que leurs oxydes sont des substances alcalines, nous n'en parlerons pas. On ne les trouve à l'état métallique que dans les laboratoires, où l'on ne se les procure qu'avec beaucoup de peine, et dans un intérêt purement philosophique; ce que nous en avons dit, en parlant de la composition des pierres, nous paraît devoir suffire.

Les services rendus par les métaux à la société sont éminents et nombreux. Il n'existe pas de corps sur la terre qui réunissent plus de dureté à plus de ténacité. Ils sont le principe de tous les tranchants et de toutes les armes. Conjointement avec le bois, qui partage, sous le rapport de la pratique, quelques-unes de leurs propriétés utiles, ils sont employés à la fabrication des instruments et des machines de toutes sortes sur lesquels la puissance mécanique de l'homme est fondée. La facilité avec laquelle ils prennent toutes les formes, même les plus délicates, soit par le moulage, soit par le martelage, soit par le travail de la lime, les rend propres, comme le verre et la poterie, à la confection de vases et d'ustensiles, dont leur solidité assure la durée, tandis que leur couleur et l'éclat de leur poli en augmentent la richesse et la beauté. Ils ont aussi leur emploi dans les beaux-arts, surtout lorsqu'ils sont de nature à n'éprouver aucune altération par le contact de l'air ou de l'humidité; on en fait des bijoux, des bas-reliefs, des figures, des ornements de toute espèce; ils ont comme le granite une valeur monumentale, et se prêtent plus facilement que lui à la façon; ils sont la matière des statues et d'inscriptions que l'antiquité nous a laissées; mais, comme nous l'avons déjà dit ailleurs, cette facilité à

12

prendre toutes les formes leur devient funeste, parce qu'il suffit du caprice de leur possesseur pour les détourner en un instant de leur destination primitive. Enfin, comme substances monétaires, ils ont dans le mouvement général du genre humain un rôle qui vaut peut-être à lui seul tous les autres. Il n'y a pour ainsi dire aucune de leurs propriétés que les hommes ne soient venus à bout de mettre à profit pour quelque but particulier, et comme elles sont très-diverses, il en résulte aussi que les applications de ces corps précieux sont extrèmement nombreuses. C'est à l'article particulier de chacun d'eux que nous aurons l'occasion d'en parler avec détail.

La terre ne nous offre pas en général les métaux dans leur état de pureté; ils sont presque toujours combinés avec divers autres corps qui masquent leur nature et leurs propriétés. On dirait que la Providence a voulu en réserver le privilége aux peuples civilisés, qui seuls sont capables de les employer comme il convient; ils sont en effet une des principales causes de la supériorité de ces peuples sur les peuples sauvages sous le rapport de la puissance et de la richesse, et l'une de leurs plus belles conquêtes sur la nature. Les métaux dans cet état de combinaison avec des substances étrangères, et la plupart du temps avec de l'oxygène, rentrent tout à fait dans la classe des pierres : ils en ont l'apparence, le défaut de ductilité et de malléabilité, souvent la légèreté; ils ne sont pas même propres à nous rendre les services que nous tirons des bonnes pierres, et nous n'avons presque rien eu à en dire lorsque nous avons traité des minéraux pierreux utilisés par l'industrie.

Les espèces de pierres contenant des métaux sont cependant très-nombreuses, mais elles sont peu répandues et restreintes à des localités et à des gisements très-limités ; et, bien que la classification minéralogique en comprenne plusieurs centaines différentes, la plupart n'ont qu'un intérêt scientifique. Le nombre de celles qui sont du domaine de l'industrie est assez peu considérable. En effet, celles-ci sont assujetties, non-seulement à contenir une bonne proportion de métal, mais à satisfaire encore à plusieurs autres conditions. Les principales sont de se prêter à une décomposition chimique facile et peu dispendieuse qui mette en liberté le métal désiré, et en outre de se trouver en assez grande abondance pour faire l'objet d'une exploitation régulière et soutenue. Ces conditions éliminent un grand nombre d'espèces minérales, parce que dans les unes les métaux se trouvent tellement combinés que les procédés les plus fins et les plus soignés de la chimie peuvent seuls venir à bout de les isoler, et que les autres sont tellement rares, qu'on ne les découvre que çà et là, et par petites masses confusément disséminées dans les roches qui les renferment. C'est à ces minéraux métallifères exploitables et réductibles par les procédés généraux de la métallurgie, que l'on réserve le nom de *minerais ;* ce sont les seuls dont nous ayons à nous occuper ici.

Après avoir ainsi défini ce que l'on doit entendre par métal, et ce que l'on doit entendre par minerai, nous allons ajouter quelques mots sur la composition et le traitement général des minerais, sur leur situation dans le sein de la terre, et sur le travail des mines.

Les minerais, sauf très-peu d'exceptions, sont le résultat de la combinaison des divers métaux avec l'oxygène ou avec le soufre ; ceux qui, outre l'oxygène, renferment de l'acide carbonique, c'est-à-dire les carbonates, peuvent être assimilés à ceux qui ne contiennent que de l'oxygène, car dès qu'ils sont chauffés, l'acide carbonique s'en dégage, et ne cause d'ailleurs aucun embarras. Ce sont là les combinaisons naturelles qui fournissent presque tous les métaux, il y a quelques minerais, mais fort rares, qui renferment du chlore ou du phosphore. Il y en a aussi qui renferment divers métaux réunis les uns avec les autres, comme l'argent et le plomb, le cuivre et le fer, l'arsenic ou l'antimoine et l'argent, etc.; quant à ces derniers, tantôt on cherche à en retirer tous les métaux qu'ils contiennent, tantôt si cela est trop difficile ou inutile, on s'attache seulement aux plus précieux, et on néglige les autres. Enfin, il ne faut pas oublier que les minerais ne sont presque jamais purs, et qu'ils sont ordinairement mélangés avec une proportion plus ou moins grande de la substance pierreuse, au milieu de laquelle ils se trouvaient dans le sein de la terre ; c'est ce que l'on nomme leur gangue.

La première opération que l'on fasse subir aux minerais, est de les diviser par petits fragments, afin de rejeter les morceaux qui sont trop pauvres, c'est-à-dire qui renferment trop de pierre et trop peu de minerai. Cela fait, si l'on veut se débarrasser entièrement de la gangue, on réduit ces fragments en sable fin, sous des pilons, et on les lave de manière à ce que l'eau puisse entraîner les parties stériles qui sont les plus légères, et laisser en arrière les parties métallifères qui sont les plus pesantes. Quand le minerai doit être soumis à une température très-élevée dans l'intérieur des fourneaux, comme le minerai de fer, par exemple, il est inutile de le débarrasser si scrupuleusement de sa gangue, parce qu'elle se fond par l'effet de la chaleur, et se sépare d'elle-même de la masse du métal fondu aussi de son côté.

Ces diverses préparations terminées, la question métallurgique se réduit donc à débarrasser le métal de l'oxygène, si le minerai est un oxyde, ou du soufre, s'il s'agit d'un sulfure.

Dans le premier cas, on dispose le minerai dans l'intérieur d'un fourneau vivement chauffé, et rempli de charbon; le charbon, ou plutôt, comme l'a démontré M. Le Play, une combinaison gazeuse de charbon avec le minimum d'oxygène, très-avide de son complément d'oxygène, et n'en trouvant pas assez pour se satisfaire dans l'air que l'on projette dans le fourneau à l'aide des soufflets, s'empare de celui qui était combiné avec le métal, et met ainsi à nu ce métal, qui, favorisé par la haute température, entre en fusion, et se rend dans les parties inférieures du fourneau. Nous parlerons plus tard du cas où le métal, durant cette opération, entre lui-même en combinaison avec le charbon, et d'oxyde se change en carbure.

Si le minerai est un sulfure, on lui fait d'abord subir ce qu'on nomme le grillage, c'est-à-dire qu'on le soumet à un feu lent, en plein air, et à plusieurs reprises : le soufre se brûle peu à peu, et le métal, se combinant avec l'oxygène, se transforme en un oxyde que l'on traite par le charbon, comme nous venons de l'expliquer. Ce traitement est fort long et fort dispendieux; car il faut alternativement griller et fondre, et cela à plusieurs reprises, tellement qu'on fait quelquefois trente grillages et six fontes pour expulser entièrement le soufre et se procurer tout le métal. On se débarrasse de l'arsenic à peu près de la même manière que du soufre. On peut abré-

ger la réduction des sulfures en les fondant dans l'intérieur d'un fourneau, avec une substance d'un prix peu
élevé, telle que le fer ou la chaux, qui soit plus avide de
soufre que le métal que l'on recherche. Ce qui se passe
alors offre de l'analogie avec la réduction des oxydes
par le charbon.

Pour séparer les métaux les uns des autres, on profite, soit de ce que, durant les opérations métallurgiques,
ils se séparent les uns avant les autres de la combinaison, soit de ce qu'ils sont plus fusibles, soit enfin de ce
qu'ils se convertissent plus volontiers en oxydes les uns
que les autres. On s'arrange de façon à les placer dans
de telles circonstances, qu'ils soient forcés de prendre
chacun un parti différent, et, par conséquent, de rompre
leur alliance.

Les minerais se trouvent dans l'intérieur de la terre,
formant des couches, ou des amas, ou remplissant des
fentes.

Les couches sont des masses aplaties qui se trouvent
intercalées entre d'autres couches pierreuses, dont elles
paraissent être contemporaines. Elles sont quelquefois
très-étendues et très-épaisses, comme on le voit dans le
cas de certains minerais de fer ; quelquefois, au contraire, elles sont extrêmement minces. Tantôt le minerai y est massif, tantôt il y est disséminé par rognons au
milieu d'une substance pierreuse ou terreuse, qui forme
la plus grande partie de la couche.

Les fentes ou filons sont de grandes fissures qui se sont
faites dans la croûte du globe, par suite des commotions
souterraines, et qui se sont après cela remplies de minéraux de diverses espèces. Ce sont les gîtes dans lesquels
on rencontre la plus grande variété de minerais, car il

y en a beaucoup qui ne paraissent pas s'être jamais produits dans les circonstances où des couches auraient pu
se former. Dans l'intérieur de ces fissures on trouve fréquemment plusieurs espèces de minerais, mélangées les
unes avec les autres, et particulièrement avec du quartz
et du calcaire : ces diverses substances sont ordinairement disposées par rubans plus ou moins fins, et plus
ou moins réguliers, parallèlement aux parois latérales
de la fissure, et symétriquement de chaque côté, ainsi
que cela aurait dû se passer si ces substances étaient
venues s'y déposer à tour de rôle. Les filons sont beaucoup plus fréquents dans les terrains des périodes anciennes que dans ceux des périodes modernes, lesquels
paraissent avoir été moins tourmentés. Aussi les terrains
calcaires, surtout les plus récemment déposés, ne ren-
ferment-ils pour ainsi dire pas de métaux, tandis que
les terrains de granite, de micaschiste et de schiste argileux, présentent, au contraire, un très-grand nombre
de filons de toute espèce.

Les amas sont de grands espaces de forme et de dimensions variables, en général très-irréguliers, et probablement analogues aux filons quant à leur origine :
certains minerais sont venus s'y accumuler. Les amas
sont beaucoup plus rares que les filons, mais il en existe
quelques-uns qui constituent des gisements prodigieu-
sement riches.

Ce sont là les trois principales manières d'être des minerais dans le sein de la terre. On en rencontre souvent
en outre sous forme de nids ou de rognons, mais trop
disséminés, et en trop petit nombre pour devenir l'objet
d'une exploitation. Souvent aussi ils imbibent certaines
couches pierreuses, comme le minerai de fer, par exem-

ple, qui colore quelquefois en rouge le grès et les calcaires; mais il faut que le métal ait une grande valeur
pour pouvoir couvrir, dans un pareil cas, les frais d'une
exploitation. Cela a lieu cependant en quelques endroits
pour le cuivre et le mercure. Les mines sont le plus habituellement des exploitations pratiquées dans des couches ou dans des filons.

Pour exploiter les couches, on les découpe par des
galeries qui aboutissent, soit directement à la surface
du sol, soit dans un puits d'extraction. On abat ensuite
le minerai à coups de pioche, ou en le faisant sauter à la
poudre quand il est trop dur, et l'on se sert des fragments stériles qu'il est inutile de se donner la peine d'enlever, pour remblayer les quartiers exploités et empêcher les éboulements. Quelquefois on enlève tout, et on
laisse la mine s'ébouler à mesure qu'on la vide, en se
précautionnant contre les accidents.

La méthode employée pour exploiter les filons est à
peu près la même, mais elle paraît au premier abord
toute différente, parce que les filons, au lieu d'être ho-
rizontaux ou faiblement inclinés comme les couches,
sont généralement verticaux, ou à peu près. On découpe
de même le massif en quartiers par une série de puits
inclinés suivant le filon et de galeries horizontales; on
s'assure ainsi, grâce à ces travaux préliminaires, de la
nature et de la richesse du minerai dans les diverses
parties du filon, et l'on établit les calculs de l'exploitation en conséquence. On attaque ensuite chacun de ces
quartiers avec le pic et la poudre, en commençant, soit
par un des angles supérieurs, soit par un des angles inférieurs, et en conduisant toujours le système général de
l'entaille en forme de gradins, sur lesquels l'ouvrier est

porté, si l'on a commencé par en haut, et au-dessous desquels il se trouve, au contraire, si l'on a commencé par
en bas. Dans ce second cas, il travaille posé sur un plancher qu'il pousse devant lui, en l'appuyant sur les parois latérales du filon, et, comme le minerai placé devant
lui se trouve déjà détaché par le bas, il a souvent plus
de facilité pour l'abattre. On met un ou deux mineurs à
chaque gradin. Dans le premier cas, c'est-à-dire, quand
les gradins sont droits, la mine offre l'aspect d'un immense escalier couvert de travailleurs sur toute sa hauteur, et éclairé par quelques lampes à chaque marche.
Lorsque les gradins sont renversés, l'ensemble des travaux ne se laisse pas voir d'une manière aussi nette;
mais leur effet est peut-être encore plus considérable
quand on les examine avec attention, et que l'on voit la
prodigieuse masse de troncs d'arbres ainsi descendus
dans les profondeurs de la terre pour former tant de
planchers échafaudés les uns au-dessus des autres. Les
travaux par gradins renversés ont un grand avantage
sur ceux en gradins droits, sous le rapport du déblaye-
ment; les mineurs peuvent déposer les pierres inutiles
sur le plancher inférieur à mesure qu'ils avancent, et
ne sont pas obligés, comme dans le second système,
de les transporter dans les quartiers déjà vidés, et souvent éloignés.

Il existe des exploitations de filons qui, par leur étendue et leur profondeur, méritent d'être rangées parmi
les plus grandes marques que la main de l'homme ait
faites à la surface du globe. Il n'y a pas de constructions
d'architecture qui ait nécessité le déplacement de plus
de pierre, ni donné naissance à de plus merveilleux en-
tassements de salles et de corridors. Seulement dans ces

édifices souterrains, au lieu de la splendide lumière du soleil, l'admiration n'a pour se satisfaire que la vacillante lueur des lampes qui se promène lentement de détail en détail, et il n'y a que l'imagination qui puisse refaire l'ensemble de ce que les regards n'ont embrassé que pièce à pièce. Dans certaines mines, les travaux, et ils se continuent encore, sont déjà parvenus jusqu'à la profondeur de 800 mètres et même au delà. On met trois heures pour gravir l'immense échelle qui monte depuis le fond jusqu'à la lumière du jour. Les entailles s'étendent en quelques endroits à droite et à gauche, à plus d'une lieue. On ne peut s'empêcher d'admirer la grandeur à laquelle parviennent les œuvres de l'homme lorsque les générations s'y attachent les unes après les autres. Afin de se débarrasser de l'inondation des eaux, on a percé, dans quelques endroits, et à travers les roches les plus dures, des galeries qui ont jusqu'à trois et quatre lieues de longueur. On a mis des siècles à les achever, comme on l'a fait pour les cathédrales du moyen âge, mais ici avec bien plus de patience, et de moins magnifiques espérances. On n'avait pas encore inventé la poudre, que déjà d'obscurs ouvriers d'Allemagne creusaient le granite à force de bras, sans connaître dans leurs lugubres profondeurs ni le jour ni la nuit, presque sans air, infatigablement collés sur le fond de ces étroits couloirs faits pour le passage d'un seul homme : merveilleux solitaires ! chaque année les voyait avancer de quelques pas seulement vers leur but, comme on en lit encore la preuve sur les murailles modestes de ces gigantesques monuments, et il y avait des lieues à faire ! mais ces fossoyeurs ou ceux qui les guidaient, ne se rebutaient pas ; leur œuvre était pour d'autres que

pour eux : ils travaillaient en vue de la postérité. Et
nous qui sommes sur la terre aujourd'hui, nous nous
servons des métaux sortis de régions qui, sans leur admirable et généreuse prévoyance, seraient demeurées, pour
nous comme pour eux, éternellement inondées et inac-
cessibles. Cette piété dans le travail a peut-être sa grandeur aux yeux de Dieu, tout aussi bien que la piété mys-
tique des Égyptiens qui ont appliqué leur puissant ciseau
sur le granite, afin de jeter à la postérité l'immortelle
énigme de leurs sphinx.

DES MINERAIS DE FER

Le fer est sans contredit le premier des métaux. Il
surpasse tous les autres par sa dureté et par sa ténacité.
Quand il est de bonne qualité et qu'on essaye de le rompre, on s'aperçoit qu'il est plein de nerfs et fibreux
comme un réseau de soie. Un fil d'un millimètre de diamètre peut supporter un poids de 30 kilogrammes sans
se rompre, bien entendu qu'il s'agit d'un fer de choix.
Cette qualité rend ce métal extrêmement précieux, car il
représente la plus grande puissance de résistance qui
soit en nos mains pour nos constructions : il n'existe
ni dans la nature ni dans l'industrie aucun autre corps
qui le vaille sous ce rapport. Chacun sait tout le parti
que l'on tire dans les arts de cette ténacité qui est aussi
accompagnée d'une grande fermeté. On emploie le fer
pour remplacer la charpente dans les édifices, et il
donne aux voûtes de pierres, dans certaines circon-

stances difficiles, une solidité qu'elles ne sauraient posséder par elles-mêmes. On en fait des chaines qui ont
toutes sortes de destinations, même celle de soutenir
des ponts. Enfin il n'est pas de machines, et surtout
parmi celles à vapeur, dont le jeu ne soit en grande partie fondé sur l'intervention du fer. Sa ténacité est encore
soutenue par sa dureté, qui est cause qu'il ne s'use que
difficilement et résiste longtemps aux frottements. Cette
heureuse propriété, jointe à ce que les adhérences qui
ont lieu à sa surface ne développent que fort peu de
frottement, l'a fait rechercher de tout temps pour la
confection des objets qui sont soumis à un frottement
continuel : tels sont les socs de charrue, pour lesquels
il est spécialement employé depuis la plus haute antiquité ; les bandes qui garnissent les roues des voitures
et les pieds des chevaux, fers non moins utiles au commerce que les précédents à l'agriculture ; et enfin, pour
terminer par un seul exemple, les rails de chemins de
fer, au moyen desquels les hommes ont réussi à donner
à leurs chariots une mobilité presque parfaite en dé-
truisant presque complétement les frottements qui les
retardent.

La ductilité du fer, qui lui permet de s'étirer en fils
très-fins et doués cependant de beaucoup de force et de
flexibilité, est aussi mise à profit avec beaucoup de succès. Ce métal n'est pas susceptible de s'étirer en fils
aussi déliés que l'or et quelques autres métaux, mais le
calibre de ses fils est très-suffisant pour tous les usages
auxquels il convient. Il se lamine en plaques minces,
qui sont ce que l'on nomme la tôle ; mais néanmoins
ces feuilles ont toujours une certaine épaisseur qu'on
ne peut amoindrir, et le fer, sous ce rapport le cède

à beaucoup d'autres métaux que l'on peut mettre en feuilles beaucoup plus légères, sans leur faire contracter de gerçures. Son infusibilité n'est utilisée que dans un très-petit nombre de cas, parce qu'aux températures élevées, il s'oxyde et se ramollit au point de se déformer entièrement.

La propriété dont il jouit de devenir, malgré sa fermeté habituelle, tellement malléable par l'action de la chaleur, qu'on peut, à l'aide du marteau ou du laminoir, lui donner toutes les formes que l'on désire, et de se souder sans l'intermédiaire d'aucun agent étranger, est une des plus précieuses sous le rapport de la facilité de son emploi : c'est sur cette propriété que l'art admirable du forgeron est fondé. On parvient à donner au fer, avec très-peu de peine, les formes les plus compliquées et les plus délicates. Outre cela il se travaille parfaitement bien sur le tour et à la lime. Il existe des travaux de serrurerie qui sont des chefs-d'œuvre.

Le fer est de tous les métaux celui qui manifeste au plus haut degré les phénomènes magnétiques ; il n'est pas nécessaire d'insister longuement sur cette faculté pour en faire sentir l'importance, et c'est tout dire que de rappeler que sans lui la boussole n'existerait pas, et que la vaste étendue des mers serait peut-être encore fermée à nos navigateurs.

Sans vouloir entrer ici dans l'histoire de ses combinaisons avec les autres corps, ce qui nous entraînerait dans des détails beaucoup trop étendus, disons seulement que, combiné avec trois à quatre pour cent de charbon, il produit la fonte, et avec une quantité de charbon encore moindre, l'acier. A l'état de fonte, il devient fusible et susceptible de produire par le mou-

lage les pièces les plus fines comme les plus considérables; cette même matière, qui sert à couler des pièces
de canons et des cylindres de machines à vapeur, sert,
sous le nom de fonte de Berlin, à fabriquer des bagues,
des bracelets et des bijoux légers. A l'état d'acier, il
devient le principe des pointes et des taillants de toute
espèce; il acquiert une dureté excessive, et qui dépasse
de beaucoup celle qu'il possède dans son état de pureté; il raye tous les corps, excepté un très-petit nombre
de pierres; et c'est avec son aide que nous parvenons à
percer, à scier, à découper à notre fantaisie presque
tous les solides que la nature nous présente. L'acier est
un des éléments principaux de la puissance avec laquelle
nous régnons sur le globe, et changeons, comme nous
l'entendons, la forme des corps épars à sa superficie.

Le fer à l'état métallique ne paraît point faire partie
de la nature minérale du globe terrestre; on en trouve à
la vérité à la surface en divers lieux, mais tout indique
qu'il provient des autres régions du ciel, d'où il est accidentellement tombé par masses détachées sur notre
planète. En effet, ces pierres météoriques, connues sous
le nom d'aérolithes, et dont l'origine céleste est aujour-
d'hui pleinement constatée, sont souvent composées de
fer métallique uni à un peu de nickel; d'autres fois elles
sont composées d'une substance pierreuse, ayant quelque analogie avec les produits des volcans, et pénétrée
de fer métallique en petits faisceaux ou en grains. Il
existe de ces masses de fer qui pèsent jusqu'à trois et
quatre cents quintaux. Il est probable que ce sont de
petites planètes, chassées peut-être par des forces volcaniques hors de la sphère d'attraction de planètes plus
considérables, et qui sont venues se heurter dans leur

trajet contre la terre. Ces masses de fer ne sont pas communes; mais on en trouve cependant dans tous les pays à la surface du sol, dans un isolement parfait et sans aucune relation avec les terrains circonvoisins, comme cela doit être, si elles sont en effet d'une origine étrangère ; et leur parfaite analogie avec les aérolithes dont on a observé la chute, autorise à le penser. On a signalé des peuples sauvages qui prennent sur de semblables masses, par petites portions et avec des peines infinies, le fer dont ils ont besoin. Mais, à part cela, elles sont trop peu considérables et surtout beaucoup trop rares pour avoir aucun intérêt autre que l'intérêt philosophique et scientifique.

Tout le fer dont on fait usage sur notre planète provient de la réduction des oxydes. On ignore depuis combien de temps les hommes possèdent ce précieux secret métallurgique. Il est probable que c'est depuis la plus haute antiquité, puisque les livres juifs parlent de l'art de forger les métaux comme antérieur à la grande inondation dont ils font mention. Les Grecs, au siége de Troie, avaient déjà du fer ; mais c'était encore à cette époque un métal d'une haute valeur, car leurs armes étaient en cuivre, et l'on voit dans Homère, aux jeux célébrés pour la mort de Patrocle, Achille donner un disque de fer comme un prix d'une grande magnificence. La production du fer a pris une grande extension depuis que l'on a inventé le moyen de faire d'abord de la fonte que l'on convertit ensuite en fer doux. Les anciens n'ont pas connu ce procédé, qui permet d'utiliser une foule de minerais, et de créer des fourneaux d'une activité si prodigieuse, qu'il est tout à fait permis de les comparer à des sources de fer fondu. Cette richesse en fer est une des principales supériorités des temps modernes sur ceux qui les ont précédés.

Les seules substances ferrugineuses que l'on exploite comme minerais de fer sont : le fer magnétique, le fer oligiste, l'hématite rouge, le fer hydroxydé et le fer carbonaté.

Le fer magnétique ou oxydulé est un oxyde renfermant seulement 71 pour 100 de fer. Les lois chimiques montrent qu'il contient trois atomes de fer et quatre d'oxygène, ce qui revient à la combinaison d'une molécule d'oxyde de fer au maximum d'oxygénation avec une molécule au minimum. Il est caractérisé par son action sur l'aiguille aimantée qu'il fait osciller. Certaines variétés jouissent même de la propriété d'attirer l'aiguille d'un côté et de la repousser de l'autre, de se tourner dans la direction du pôle magnétique et d'attirer le fer : ce sont ces variétés qui sont si célèbres dans l'histoire de la physique, sous le nom d'aimants naturels. Ce minerai est quelquefois cristallisé sous forme d'octaèdres réguliers ; mais, la plupart du temps, il est en masses confuses ou en sable à grains plus ou moins fins. On le distingue de tous les autres minerais de fer par ses propriétés magnétiques, par sa couleur qui est le gris de fer foncé, par celle de sa poussière qui est le noir, par son éclat métallique et par sa cassure conchoïde. Ce minerai se rencontre principalement dans les terrains de formation ancienne : il y constitue en certains endroits des amas assez puissants pour former à eux seuls des montagnes entières. Bien qu'il se trouve dans toutes les parties du monde, il paraît cependant jusqu'ici bien plus abondant dans les régions septentrionales que dans toutes les autres. En Suède il est l'objet d'exploitations importantes, et fournit le fer de cette contrée, qui est renommé partout pour ses excellentes qualités. Il y en a beaucoup en Norwége et en Laponie. Les Russes en ont découvert de fort beaux gisements en Sibérie. En France, il est fort rare, et il n'y en a aucune mine.

Le fer oligiste est un oxyde plus oxygéné que le précédent; il est formé de deux atomes de fer combiné avec trois atomes d'oxygène; il contient en poids 69 parties de fer, et 31 d'oxygène. Sa couleur est le gris d'acier; celle de sa poussière est le rouge plus ou moins vif. Il agit, mais très-faiblement, sur l'aiguille aimantée. Il est très-dur et raye le verre. Il cristallise quelquefois sous forme de prismes modifiés par des facettes. Ces divers caractères le font distinguer du fer oxydulé. Comme il est souvent mélangé de quartz ou d'autres matières, on estime qu'il ne rend en général que soixante pour cent de métal. Ce minerai se rencontre dans les mêmes terrains que le précédent, et quelquefois par masses encore plus grandes. Les exploitations de l'île d'Elbe, célèbres dès le temps de la république romaine, et encore en possession aujourd'hui d'approvisionner toute l'Italie, sont ouvertes dans un amas de ce minerai, et bien qu'on en tire annuellement jusqu'à trois cent mille quintaux, il semble que l'on ait à peine commencé à faire brèche dans le massif. Il est aussi exploité en plusieurs localités de la Suède, de l'Allemagne et de la Sibérie. Il y en a en France une mine à Framont dans les Vosges.

L'hématite rouge ou peroxyde ne diffère pas du minerai précédent sous le rapport de sa composition chimique; on y trouve la même quantité de fer et d'oxygène. Mais sa texture, au lieu d'être serrée et solide, est terreuse, et de là vient qu'au lieu de présenter la couleur

13

grise et l'éclat métallique, il présente la couleur rouge qui caractérise la poussière de l'espèce précédente. Il est aussi en général beaucoup moins dur. Il y en a des variétés extrêmement tendres et fort mélangées d'argile, qui se rapprochent de l'ocre rouge et de la sanguine qui ne sont eux-mêmes que des argiles teintes par cet oxyde, mais trop peu métallifères pour pouvoir être considérées comme minerais. L'hématite forme des couches et des filons souvent très-minces dans les terrains anciens. Les usines du Hartz, en Allemagne, sont presque exclusivement alimentées par des mines de cette nature. En France, on en trouve un très-beau dépôt dans les calcaires de seconde formation, près de la Voulte, dans la vallée du Rhône; il en existe aussi à Baigorry, dans les Pyrénées.

Le fer hydroxydé est, comme l'étymologie du nom l'indique, une combinaison de fer, d'oxygène et d'eau. Il renferme deux molécules d'oxyde de fer au maximum et trois molécules d'eau, ou environ 85 parties d'oxyde de fer et 15 d'eau. Il se distingue de tous les autres minerais de fer par sa couleur brune lorsqu'il est en masse, et par sa couleur jaune lorsqu'il est en poussière : l'ocre jaune, qui est une argile colorée par sa présence, donne une idée de sa nuance. Cette nuance n'est cependant pas toujours également vive, et les matières étrangères la ternissent souvent. C'est aussi cet oxyde qui constitue la rouille qui se forme sur le fer lorsqu'il demeure exposé à l'air et à l'humidité. Lorsqu'on le chauffe, l'eau se dégage, le minerai rougit, et devient en tout semblable au précédent; mais dans son état naturel, il s'en distingue parfaitement par sa nuance, qui est caractéristique. On le nomme quelquefois hématite brune. Ce

minerai est peut-être celui qui est le plus abondamment
répandu dans la nature ; il est commun presque dans
tous les terrains : on le trouve en amas ou en couches
puissantes dans les terrains anciens ; dans les grès qui
accompagnent la houille, et qui lui succèdent, il forme
des couches souvent nombreuses ; mais c'est surtout
dans les calcaires de l'âge moyen qui constituent une si
notable partie du territoire de la France, qu'il se montre
avec une abondance extraordinaire. Au lieu d'être par
masses compactes, comme dans les autres terrains, il
est ici sous forme de globules à peu près sphériques, de
dimensions variables, quelquefois pareils à des noisettes,
d'autres fois aussi petits que des grains de millet, et
réunis soit dans des couchés, soit dans de vastes cavités,
où ils se sont rassemblés en quantités innombrables. Ce
minerai se rencontre encore dans des terrains plus modernes, mais sous un autre aspect. Les dépôts les plus
récents le renferment à l'état terreux ; on le désigne sous
le nom de fer limoneux ou mine de marais. Il est dans
des lieux marécageux, souvent mélangé de débris de
végétaux convertis eux-mêmes en oxyde, et se présente
sous forme de masses tuberculeuses, irrégulières, pleines
de cavités : il paraît qu'il continue à se former encore
tous les jours par l'action des eaux chargées d'oxyde de
fer. Toutes ces diverses espèces de fer hydroxydé sont
employées pour la fabrication du métal, mais les produits qu'elles fournissent varient beaucoup, suivant le
plus ou moins de pureté du minerai.

On estime que cette espèce de minerai rend en général de quarante à cinquante pour cent de fer. Il existe à
Rancié, dans les Pyrénées, une mine très-importante ou-
verte dans un filon de fer hydroxydé compacte ; elle est

exploitée depuis longtemps, et alimente à elle seule la plus grande partie des usines de ce pays. On trouve aussi ce minerai en Dauphiné, en Savoie, en Suisse, et dans divers endroits de l'Allemagne. Mais la variété qui a le plus d'intérêt pour la France, est la variété en grains dont nous avons parlé ; elle est nommée aussi oolitique. Elle est caractéristique, pour les fers français, et sert de base principale aux usines de ce pays, comme le fer magnétique aux usines de la Suède, et le fer carbonaté à celles de l'Angleterre. Elle est exploitée, et avec une grande activité, sur une moitié de notre territoire, en Normandie, en Champagne, en Lorraine, en Bourgogne, en Berry, en Bourbonnais, etc. La plupart du temps l'exploitation est extrêmement facile ; en quelques endroits on enlève le minerai à la pelle et à ciel ouvert, comme du sable. Malheureusement les couches de houille sont presque partout trop distantes de ces dépôts pour que la conversion du minerai en fer soit aussi économique qu'il serait permis de le désirer ; malheureusement aussi, dans beaucoup de dépôts, le minerai est mélangé d'une petite quantité de soufre ou de phosphore, qui est cause que le fer qu'on en retire est cassant et de mauvaise qualité. Mais de tous les minerais de cette espèce, les limoneux sont les plus mauvais : ils contiennent presque tous une proportion très-sensible de phos phore provenant de la destruction des substances animales qui sont amassées dans les mêmes lieux.

Le fer carbonaté est une combinaison d'acide carbonique et d'oxyde de fer ; il renferme une molécule d'acide carbonique et une molécule d'oxyde de fer au minimum, ou en poids 46 parties de fer métallique sur 100. Il y en a deux variétés très-différentes. L'une que l'on désigne sous le nom de mine d'acier parce qu'elle est excellente pour la fabrication des fontes destinées à fournir ce précieux produit, appartient particulièrement aux terrains anciens, dans lesquels elle forme des filons et des amas. Elle est d'une couleur blonde plus ou moins claire, d'une texture lamelleuse, très-brillante, et porte aussi, à cause de ces apparences remarquables, les noms de mine de fer blanche ou de fer spathique. On en trouve avec le fer hydroxydé dans les mines des Pyrénées, dont nous avons déjà parlé; à Allevard en Dauphiné, ce minerai donne lieu à une exploitation considérable; enfin à Stahlberg, près de Coblentz, ainsi qu'en Styrie et en Carinthie, il forme d'énormes dépôts, qui sont presque exclusivement employés à la fabrication des aciers que ces contrées, et les usines étrangères qu'elles alimentent avec leurs fontes, versent si abondamment dans le commerce.

L'autre variété de fer carbonaté n'a pas moins d'importance. On la désigne sous le nom de fer carbonaté lithoïde, ou minerai des houillères. Sa formation est en effet intimement associée avec celle de la houille : elle forme des couches tantôt dans le grès houiller, tantôt dans la houille elle-même. Elle est de couleur grise, ou brun jaunâtre, et sa cassure est terne et grenue; elle ressemble tellement à certaines pierres calcaires ou à des argiles durcies, qu'elle a été longtemps négligée et rejetée parmi les déblais inutiles. C'est cependant à cette pierre que l'Angleterre doit une grande partie de sa puissance. Les couches de houille qui sont si singulièrement abondantes dans ce pays, sont aussi entièrement différentes de celles du reste du monde sous le rapport de la quantité de minerai de fer qu'elles contiennent.

Ailleurs, on rencontre bien à peu près partout du fer carbonaté avec la houille, mais il n'y en a pas assez pour que l'exploitation du minerai et celle de la houille puissent marcher de pair. Dans les terrains de l'Angleterre, au contraire, la houille et le minerai sont associés dans une si heureuse proportion, qu'en enlevant du sein de la terre le minerai, on se trouve avoir enlevé en même temps la quantité de houille nécessaire pour le transformer en fer métallique. On pourrait presque dire qu'il suffit de bâtir un fourneau à l'ouverture du puits, et d'y verser indistinctement tout ce que les tonnes amènent au jour du fond de la mine, pour que ce mélange, touché par la chaleur et faisant sur lui-même sa propre réaction, arrive au bas du fourneau métamorphosé en fonte de fer. Grâce à ce rapprochement des deux éléments de la fabrication du fer, il n'y a donc lieu qu'à une seule exploitation. De là cette grande économie de main-d'œuvre qui permet à l'Angleterre de produire tant de fer et de le donner à si bas prix. Ce n'est pas seulement à l'emploi du charbon de houille, en remplacement du charbon de bois trop longtemps privilégié pour l'alimentation des fourneaux, qu'est dû cet abaissement de prix qui, sans la nécessité des lois de douane, serait si favorable au bien du genre humain tout entier; il est dû aussi pour une très-grande part à l'emploi du minerai des houillères. Tandis qu'en France nous sommes réduits à prendre du minerai de fer en Bourgogne pour venir le fondre à Saint-Étienne, ou à porter les houilles de Saint-Étienne jusqu'en Bourgogne, les usines de la Grande-Bretagne, établies au lieu même de la double exploitation qui les nourrit, évitent un transport ruineux, et font à l'industrie des autres nations une con-

currence triomphante. Il n'y a qu'un perfectionnement
dans la métallurgie du fer qui puisse rétablir la balance.

D'après ce que nous avons dit de la réduction des
minerais en général, on conçoit que celle des minerais
de fer en particulier doit être une opération fort simple.
La chaleur suffisant pour expulser l'eau et l'acide carbonique de ceux qui en contiennent, ils peuvent être
tous considérés comme des oxydes, et par conséquent
changés en fer métallique par la seule influence du
charbon.

Quand le minerai est bien pur, le fer peut en effet se
fabriquer directement de cette manière. On fait chauffer
le minerai à une forte température dans de petits fourneaux, avec du charbon de bois : la réduction s'opère,
et les fragments de minerai, transformés en fer métallique, se soudent en une seule masse que l'on porte sous
le marteau pour la forger en barres. Cette méthode, que
l'on nomme la méthode catalane, est celle que l'on suit
dans les Pyrénées où l'on ne traite que des minerais
fort purs. En Corse, où l'on a le minerai de l'île d'Elbe,
qui est aussi très-pur et très-riche, on ne fait pas même
de fourneaux ; on se contente de former avec le charbon
et le minerai un tas régulier, sur lequel on dirige le vent
d'un soufflet qui entretient la vivacité du feu. Ce procédé, qui est d'une extrême simplicité, est probablement
celui qui était en usage pour la fabrication du fer durant
l'antiquité. Aujourd'hui il n'est plus pratiqué que dans
un très-petit nombre de localités ; il demande en effet
des minerais d'une grande pureté, et tels que l'on n'en
rencontre que dans quelques mines privilégiées. C'est là
son principal inconvénient.

Les minerais de fer étant ordinairement mélangés

d'argile, et quelquefois de quartz, il en résulte un obstacle capital à leur traitement par la méthode précédente : car les matières étrangères, la réduction une
fois opérée, demeurent interposées entre les particules
de fer, dont aucune force ne les sollicite à s'éloigner, et
le mettent hors d'état de se laisser forger et de servir
à aucun usage. Il est donc nécessaire de combiner les
choses de manière à effectuer la séparation du fer et des
impuretés qui le souillent. C'est à quoi l'on parvient, en
obligeant les deux substances à entrer simultanément en
fusion : arrivées dans le bassin où on les conduit, elles se
rangent chacune à part, en vertu de la seule différence
de leurs pesanteurs spécifiques. On a donc soin de mélanger avec le minerai quelques corps qui, en se combinant
avec les matières étrangères, les rendent fusibles : c'est
ce que l'on nomme le fondant. Pour les minerais argileux on prend des calcaires, pour les minerais quartzeux
de la marne. Dès lors, en chauffant fortement le minerai, une fois que la réduction est opérée, le fer se combine avec le charbon, se change en fonte, se réunit par
globules, et coule jusque dans la partie inférieure du
fourneau, où se trouve un creuset destiné à le recevoir ;
les matières étrangères, se combinant de leur côté, forment une espèce de verre connu dans les usines sous le
nom de laitier, et descendent aussi dans le creuset :
mais comme elles sont plus légères que la fonte, elles
demeurent au-dessus, et on les enlève, ou bien on les
laisse s'écouler naturellement par un orifice pratiqué à
la hauteur convenable. On donne aux fourneaux dans
lesquels on transforme ainsi le minerai de fer en fonte
de fer, le nom de hauts fourneaux. Ils sont construits
avec des matériaux très-réfractaires, et faits en forme

de puits : ils s'élargissent un peu vers le tiers de leur
hauteur, et se rétrécissent par le bas au point où l'on
place les tuyaux des soufflets, et aux environs duquel
se trouve, par conséquent, le maximum de chaleur. Ils
ont quelquefois cinquante et soixante pieds d'élévation,
et sont garnis, dans toute cette hauteur, de lits alternatifs de minerai et de charbon : la fusion se produit à
mesure que la matière arrive à l'endroit du vent. On
les entretient constamment pleins en les chargeant par
le haut à mesure que le bas s'affaisse, et on les laisse
ordinairement en feu sans suspension pendant un an.
On peut employer du charbon de bois et du charbon de
houille. C'est dans la différence de ces combustibles que
consiste la différence des procédés français et des procédés anglais.

Il reste à transformer la fonte en fer malléable ; la
théorie de cette opération est également fort simple. En
dirigeant un courant d'air sur de la fonte liquide, il arrive que le charbon, plus avide d'oxygène que le fer, se
brûle le premier, et se dégage par conséquent peu à peu
sous forme d'acide carbonique ; le métal se coagule en
se purifiant, et le charbon une fois entièrement brûlé, ce
que l'on reconnaît au degré de consistance de la masse,
on porte le fer sous le marteau ou sous le laminoir, pour
en exprimer, comme d'une éponge, ce qui peut encore
s'y trouver de matières étrangères à l'état liquide, et le
mettre sous forme de barres. Quand on pratique l'affinage dans un creuset placé sous le vent d'un soufflet il
faut employer du charbon de bois, parce que celui de
houille n'a pas les qualités convenables pour cet emploi.
Quand on veut se servir de la houille, il faut éviter de la
mettre en contact avec la fonte. On a recours alors à ce

que l'on nomme un fourneau à réverbère; la houille est placée à part sur une grille, et la chaleur qu'elle produit est rabattue, par le moyen d'une voûte, sur la fonte qui est déposée à côté; le courant d'air causé par le tirage de la cheminée située à l'extrémité de l'appareil, suffit pour enlever peu à peu tout le charbon et changer la fonte en fer. C'est à ce procédé, dont l'invention remonte à une période récente et appartient aux Anglais, que l'on est redevable de l'énorme accroissement qui s'est fait de notre temps dans la production du fer. S'il fallait fabriquer avec du charbon de bois tout celui que la civilisation consomme aujourd'hui, les forêts de l'Europe seraient bientôt épuisées, et l'Angleterre, dont le territoire est peu boisé, se verrait promptement réduite à une assez mince fortune. En France on continue généralement à fabriquer la fonte au charbon de bois, parce qu'on l'obtient ainsi de meilleure qualité et que jusqu'ici ce charbon ne manque pas; mais on pratique presque partout l'affinage à la houille, ce qui suffit pour donner une notable économie.

Quant à l'acier, il se produit de trois manières : 1° avec des minerais très-purs que l'on traite, comme pour en tirer du fer, par la méthode catalane, mais en les laissant assez longtemps dans le charbon pour qu'ils puissent commencer à entrer en combinaison avec lui; c'est l'acier naturel; 2° avec de la fonte dont on suspend l'affinage avant que tout son charbon ne soit brûlé; c'est l'acier d'affinage; 3° avec du fer en barres que l'on fait chauffer hors du contact de l'air dans un lit de poussière de charbon; c'est l'acier de cémentation. On raffine ces aciers et on les rend homogènes, soit par le forgeage, soit par la fusion. Leurs qualités sont très-diverses, suivant la pureté du fer et la quantité de charbon qu'il contient.

DES MINERAIS DE CUIVRE

Le cuivre est un métal d'une belle couleur rouge jaunâtre qui le caractérise, et que tout le monde connaît. Il est plus ductile que le fer, donne des fils incomparablement plus fins, et se lamine en feuilles que l'on peut rendre moins épaisses que le papier ; c'est ce que l'on nomme le clinquant. Après le fer, c'est le plus tenace de tous les métaux : un fil $0^m,003$ de diamètre supporte, sans se rompre, un poids de 130 kilogrammes. C'est aussi le plus dur de tous les métaux après le fer : il raye l'or et l'argent. Quoique malléable à un moindre degré que le fer, il se laisse cependant forger à la chaleur rouge. Il est fusible, ce qui lui donne un avantage marquant sur l'autre métal ; car on ne peut travailler au marteau que des pièces d'un volume peu considérable, et la fonte ne supplée que très-imparfaitement au fer, parce qu'elle a bien moins de ténacité que lui. C'est ce qui est cause que l'on emploie le cuivre pour les pièces un peu fortes, et qui demandent de la résistance en même temps que de la légèreté, comme les bouches à feu, par exemple. Cette fusibilité étant toutefois assez peu prononcée, le cuivre convient très-bien pour la confection des objets qui doivent aller au feu comme les chaudières, les bassines, etc.

Ces vases se façonnent, soit au marteau, soit au balancier, et bien plus aisément que s'ils étaient en fer. La beauté de leur couleur est sans doute la cause principale qui les fait rechercher. Mais, malgré l'usage presque immémorial que l'on en fait, ils ont un inconvénient très-réel, et que ne possèdent ni les vases de fonte ni ceux de terre cuite. Cet inconvénient cesse à la vérité d'exister s'il s'agit seulement de chaudières d'évaporation, comme celles des machines à vapeur, auxquelles on demande de la résistance avant toute autre condition; mais il se fait très-gravement sentir dès que l'on emploie le cuivre, ainsi que cela a lieu communément, pour les ustensiles de cuisine. Ce métal, par le contact prolongé des corps gras, tels que l'huile, la graisse, etc., ou, ce qui revient au même, des acides faibles, s'oxyde, et donne naissance à des sels de couleur verte qui sont excessivement vénéneux. La superposition d'une couche d'étain, ou ce que l'on nomme l'étamage, ne neutralise que très-imparfaitement cette fâcheuse propriété qui est due aux affinités chimiques du cuivre. Heureusement cette action ne se produit pas à chaud : sans cela dans toutes les cuisines on ne ferait guère autre chose que des poisons sous forme d'aliments. Mais ce devrait être bien assez des horribles accidents qu'une simple négligence peut causer, et qui ne sont que trop fréquents, pour valoir à ce métal, que tant d'autres industries réclament, d'être expulsé de nos ménages.

La sonorité est une qualité que le cuivre possède à un degré éminent, surtout lorsqu'il est allié avec l'étain. Aussi est-il privilégié pour la confection d'une multitude d'instruments à percussion et d'instruments à vent. De tous ces instruments, les cloches sont les plus retentissants et les plus célèbres. On était persuadé au moyen

âge, et c'est un préjugé qui n'est pas encore complète-
ment détruit, qu'une certaine dose d'argent ajoutée à
l'alliage donnait au son plus d'éclat et de pureté. On sait
en effet que les personnes qui avaient l'honneur de présider, en qualité de parrains ou de témoins, au fondage
de ces instruments religieux, étaient dans l'usage de
jeter avant la coulée d'assez grosses sommes d'argent
dans le fourneau; mais il est probable que le canal dans
lequel tombait cet argent le conduisait tout autre part
que dans le cuivre. Pendant la révolution française, qui
a converti un si grand nombre de cloches, cent et quelques mille, en canons et en grosse monnaie, on a ana-
lysé beaucoup de ces alliages, et on n'y a jamais trouvé
un atome d'argent.

La dureté du cuivre, qui fait que, même en plaques
fort minces, il ne se déforme pas ; sa ductilité qui lui
permet de prendre des empreintes fort nettes sous la
pression du balancier ; sa valeur qui a des rapports
éloignés avec celle de l'argent, sont cause qu'il a été
employé chez presque tous les peuples anciens et modernes comme substance monétaire.

Le cuivre s'allie très-facilement avec la plupart des
autres métaux. Ces alliages, dont quelques-uns sont
moins coûteux que lui, et jouissent d'ailleurs de propriétés particulières quoique plus ou moins analogues
aux siennes, sont souvent employés préférablement au
métal lui-même.

L'alliage du cuivre avec l'étain constitue le bronze ; il
est plus dur et plus tenace que le cuivre ; on le renforce
quelquefois en y ajoutant un peu de fer. Les bronzes
moulés, les ornements, les statues, renferment ordinairement un cinquième d'étain ; les cloches en contien-

nent souvent un quart; les miroirs de télescope, qui ont
un si beau poli et tant d'éclat, en contiennent jusqu'à
un tiers; il n'y en a qu'un dixième dans les pièces de
canon.

L'alliage du cuivre avec le zinc est ce que l'on nomme
le laiton ou cuivre jaune; il est très-commun. Le zinc
y entre généralement pour un tiers. Cet alliage est moins
cher que le cuivre pur, et en possède toutes les bonnes
qualités, ce qui fait qu'il est recherché pour une multitude d'usages. Sa couleur varie suivant la proportion
des métaux qui le composent; on peut la rendre d'une
couleur tout à fait semblable à celle de l'or, d'où vient
que cet alliage dans certaines circonstances prend le
nom de similor.

Le potin est un alliage de cuivre, d'étain, de zinc, de
plomb et de fer; il est dur et résistant; sa couleur est le
gris de fer. On l'emploie ordinairement pour les robi-
nets, pour des flambeaux communs, pour des couverts,
des tuyaux, des coussinets.

Le cuivre s'allie à l'argent ainsi qu'à l'or, sans nuire
en aucune manière à la couleur et aux propriétés utiles
de ces métaux; il a même l'avantage d'augmenter considérablement leur dureté. C'est ce qui est cause que
l'on n'emploie que dans très-peu de circonstances ces
métaux précieux dans leur état de pureté, ils sont toujours mélangés d'une certaine quantité de cuivre, qui
détermine ce que l'on nomme leur titre. Les monnaies
françaises d'or et d'argent sont invariablement fixées au
titre de $\frac{900}{1000}$, c'est-à-dire qu'elles contiennent un dixième
de cuivre. Il y a, pour les objets d'orfèvrerie et de bijouterie, diverses autres proportions.

Enfin le cuivre s'emploie encore à l'état de combinaison avec les acides. Le sulfate ou vitriol bleu sert dans la teinture ; le verdet, qui est une combinaison d'oxyde de cuivre avec l'acide du vinaigre ou acide acétique, est d'un très-grand usage dans la peinture.

La nature minérale nous offre le cuivre à l'état de pureté ; il est à la vérité beaucoup plus rare dans cet état que dans celui de combinaison. Mais il suffit qu'on le rencontre ainsi pour qu'il devienne facile de concevoir comment il a dû être un des métaux les plus anciennement découverts et utilisés par les hommes : de même que les habitants primitifs du Pérou savaient ramasser l'or et ne savaient point fabriquer le fer, de même un grand nombre de peuplades antiques ont dû, comme l'histoire l'atteste, se trouver maîtresses du cuivre avant de l'être des métaux plus communs, mais aussi plus cachés. Comme le cuivre pur se montre très-souvent engagé par filets ou par ramifications dans divers minerais cuivreux, et notamment dans le carbonate, il aura mis les hommes sur la voie de discerner la véritable nature de ces minerais, et par conséquent de les rechercher de tous côtés pour les fondre et en tirer le métal. Il existe, non-seulement dans cet état d'association avec les minerais cuivreux, mais aussi dans de grandes masses de terrain, comme les micaschistes, les calcaires, au sein desquels il est irrégulièrement disséminé. Il en résulte que, dans les lieux où ces terrains ont été désagrégés et balayés par les eaux, le cuivre métallique se présente au milieu des sables, desquels on peut le retirer par le lavage ou par le triage. Il y en a quelquefois des masses fort grosses ; on en a trouvé une au Brésil qui pesait huit cent soixante-dix kilogrammes ; la collection du Muséum, à Paris, en contient une autre du poids de trente kilogrammes, venant du Canada. Cela est tout à fait exceptionnel, et le cuivre naturel est tellement rare, qu'il ne fait aujourd'hui nulle part le sujet particulier d'une exploitation ; on le retire accidentellement de la terre en même temps que les autres minerais dans lesquels il est engagé, mais la plupart du temps il y en a si peu, qu'il mérite plutôt d'être considéré comme une curiosité ou un échantillon de cabinet que comme un véritable minerai.

Les principaux minerais desquels on extrait le cuivre, sont la combinaison de l'oxyde de cuivre avec l'acide carbonique ou cuivre carbonaté, et la combinaison du cuivre avec le soufre ou cuivre sulfuré. Ces combinaisons présentent diverses variétés.

Le cuivre carbonaté présente trois variétés distinctes par leur couleur et par leur composition : 1° Le carbonate vert, dont nous avons déjà parlé, sous le nom de malachite, est formé de deux molécules d'oxyde de cuivre, d'une molécule d'acide carbonique et d'une molécule d'eau ; il contient soixante parties de métal ; sa structure est en général fibreuse ; quelquefois cependant il est cristallisé, et d'autres fois compacte ; c'est une substance tendre, se décomposant par la chaleur, et donnant du cuivre métallique quand on la chauffe avec le contact du charbon. 2° Le carbonate bleu est formé par la combinaison de trois molécules d'oxyde de cuivre, de deux molécules d'acide carbonique et d'une molécule d'eau. Ces molécules sont réparties en deux groupes secondaires dont la réunion forme la molécule principale· voici comment : une molécule d'oxyde de cuivre est unie à une molécule d'eau et cette première molécule composée est unie à son tour avec les molécules de carbonate de cuivre. Il contient environ 56 pour 100 de cui-

vre pur. 3° Enfin, une dernière variété est le cuivre
carbonaté anhydre, c'est-à-dire ne contenant pas d'eau.
Sa couleur est le brun noirâtre foncé; elle est tendre
comme les deux précédentes, et se laisse couper au couteau; elle contient une molécule d'oxyde de cuivre, et
une molécule d'acide carbonique; c'est la variété verte
privée d'eau. Elle est fort rare, et nous ne la mentionnons que pour mémoire, et parce qu'elle accompagne
ordinairement les deux autres.

Ces minerais de cuivre se montrent quelquefois dans
des filons; d'autres fois dans des couches de grès ou
dans des terrains argileux, où ils sont irrégulièrement
disséminés, et souvent comme infiltrés. C'est ainsi qu'on
les exploite dans la célèbre mine de Chessy, près de
Lyon. On les trouve aussi dans un gisement analogue
sur la pente occidentale des monts Ourals. Le traitement
de ces minerais est extrêmement simple; il suffit de les
fondre au milieu du charbon, dans un petit fourneau,
pour que leur réduction se fasse immédiatement, et
produise du cuivre pur qui s'écoule par la partie inférieure du fourneau. Cette opération est donc fort peu
coûteuse; et il n'est pas douteux que le cuivre serait à
bien plus bas prix que le fer, si cet excellent minerai
était plus abondant; il l'est malheureusement très-peu,
et presque tout le cuivre qui existe dans le commerce
provient des minerais sulfurés.

Les minerais dans lesquels le cuivre se trouve combiné avec du soufre sont communément désignés sous
les noms de cuivre vitreux, de cuivre pyriteux et de
cuivre gris.

Le cuivre vitreux ou cuivre sulfuré proprement dit,
résulte de la combinaison de deux atomes de cuivre et

14

d'un atome de soufre ; il renferme 76 pour 100 de cuivre métallique. Sa couleur est le gris de plomb ; sa cassure est éclatante, ce qui lui fait donner le nom de vitreux ; il se laisse entamer très-facilement avec un couteau, et fond à la flamme d'une bougie. C'est un des minerais cuivreux les plus riches ; mais il ne remplit que bien rarement les filons à lui seul. Il existe cependant de fort beaux filons, composés en partie de ces minerais, en Hongrie, en Saxe et en Suède ; on en connait aussi dans les monts Ourals.

Le cuivre pyriteux résulte de la combinaison d'un sulfure de cuivre, avec un sulfure de fer. Cela fait qu'il est moins riche que le minerai précédent, et ne donne que 34 pour 100 de cuivre métallique ; il en contient même quelquefois beaucoup moins, parce qu'il se trouve mélangé avec une quantité excédante de sulfure de fer. Il est d'un beau jaune, et brillant comme de l'or, surtout quand sa cassure est fraiche. Les variétés qui renferment beaucoup de sulfure de fer sont plus dures que les autres, et font feu sous le choc du briquet : leur couleur est aussi plus claire, ce qui permet de les distinguer assez aisément des variétés les plus pures. Le cuivre étant une substance d'une assez haute valeur, on exploite des cuivres pyriteux tellement mélangés, qu'il ne s'y trouve que 2 pour 100 de métal. De tous les minerais de cuivre, celui-ci est le plus important ; c'est de lui que provient presque tout le cuivre qui se trouve aujourd'hui répandu dans la circulation. Ses gisements sont à la fois les plus nombreux et les plus riches, ce qui compense amplement sa pauvreté. On le trouve particulièrement dans les terrains anciens, où il remplit, soit des filons, soit des amas. La fameuse mine de Fahlun en Suède est un amas de ce genre. En France on en trouve à Chessy, près de Lyon, et à Baigorry, dans les Pyrénées. Mais ces gisements sont peu de chose, et c'est peut-être sous le rapport du cuivre que notre territoire est le plus pauvre. On trouve aussi du cuivre pyriteux dans diverses couches de grès ou de schiste de la formation secondaire, en Angleterre, en Allemagne, en Amérique. Les célèbres mines du Mansfeld, du sein desquelles sortit le jeune Luther, sont ouvertes dans des couches de cette formation, et remarquables entre toutes par leur peu d'épaisseur : comme on n'enlève que la couche cuivreuse, laquelle est fort mince, les ouvriers sont obligés d'abattre le minerai, et de le traîner jusqu'aux puits en rampant sur le ventre.

Le cuivre gris est une combinaison assez variable et assez compliquée de cuivre, de fer, de soufre, d'arsenic, d'antimoine et d'argent. En général les deux sulfures de fer et de cuivre sont ce qui domine, de sorte qu'au point de vue industriel on peut regarder le cuivre gris comme une espèce de cuivre pyriteux impur. Il est, comme son nom l'indique, d'une couleur grise ; sa cassure est grenue et brillante, et souvent il est cristallisé sous forme de pyramides triangulaires. Son exploitation est quelquefois très-avantageuse, non pas seulement à cause du cuivre qu'il contient, et qui varie entre vingt et quarante pour cent, mais à cause de l'argent qui, combiné soit avec le soufre, soit avec l'antimoine, y intervient quelquefois dans une proportion très-satisfaisante : de telle sorte que le minerai a plus de valeur comme minerai argentifère que comme minerai cuivreux. Il accompagne fréquemment le cuivre pyriteux et on les exploite tous deux ensemble. Il constitue aussi des gîtes indépendants, et particulièrement des filons dans les terrains micacés ou talqueux. Les mines les plus connues pour l'exploitation de ce minerai sont celles de Freyberg en Saxe, et de Schemnitz en Hongrie.

Il y a encore quelques autres minéraux qui contiennent du cuivre, tel que le cuivre muriaté, le cuivre phosphaté, le cuivre arséniaté; mais comme ces minéraux sont trop rares pour être considérés comme minerais, nous n'en parlerons pas.

Le traitement des minerais, dans lesquels le cuivre est combiné avec le soufre, est très-compliqué et très-long; c'est ce qui cause en grande partie le haut prix de ce métal. Le soufre ayant une très-vive affinité pour le cuivre, on ne parvient qu'avec beaucoup de peine à le chasser entièrement et à dégager le métal. La première opération est le grillage du minerai, qui se fait en plein air, sur des tas arrangés avec du bois ou de la houille, et contenant quelquefois jusqu'à dix mille quintaux de minerai. Il se brûle dans cette opération une grande quantité de soufre. Le minerai désoufré en partie est fondu dans un fourneau au milieu du charbon; le produit de cette première fusion, que l'on nomme la matte, est de nouveau grillé à l'air, puis refondu; et l'on recommence cette succession de fontes et de grillages jusqu'à ce que le cuivre commence à se montrer dans la matte; on obtient alors un cuivre impur et de couleur noire. Le fer qui se trouvait dans le minerai avec le cuivre s'en sépare, parce qu'il demeure constamment combiné avec le soufre, pour lequel il a une plus forte affinité que le cuivre, et qu'alors il forme dans le bain de matières fondues une couche moins chargée de métal que la matte cuivreuse, plus légère par conséquent, et qu'on enlève. En affinant le cuivre noir, c'est-à-dire en le tenant fondu pendant un certain temps sous le vent d'un soufflet, on achève de le purifier, et on en retire environ quatre-vingt-dix pour cent de cuivre pur, nommé aussi Rosette à cause de sa couleur.

La France consomme en général quarante mille quintaux ordinaires de cuivre métallique : ses mines ne fournissent guère que la vingtième partie de cette quantité.

DES MINERAIS DE PLOMB.

Les propriétés qui font rechercher le plomb sont sa grande fusibilité, sa ductilité, et dans quelques circonstances sa pesanteur. Il est d'un gris éclatant ; mais par l'exposition à l'air cette couleur se ternit promptement, et se change en un gris noirâtre peu agréable. Le plomb est très-mou, et il suffit d'un léger effort pour en ployer de fort grosses pièces ; il est aussi très-tendre, car on peut le rayer avec l'ongle ; enfin il est sans ténacité, et un fil de trois millimètres de diamètre se rompt sous un poids de dix kilogrammes. Ses qualités métalliques ne sont pas fort éminentes, et bien qu'il serve à une foule d'usages, c'est un des métaux auxquels on conçoit le mieux que d'autres pourraient suppléer.

La pesanteur du plomb le rend très-propre à servir de projectile ; car, toute proportion gardée, la résistance de l'air étant proportionnelle à la surface du corps en mouvement, la même masse éprouve bien moins de résistance de la part de l'air si elle est en plomb, que si

elle était en un métal spécifiquement moins lourd. Cela
s'allie très-bien avec la grande fusibilité du plomb, puisqu'il n'y a qu'à le projeter dans l'air lorsqu'il est liquide
pour qu'il s'arrange de lui-même en globules, qui gar-
dent leur forme en se figeant. On fabrique ainsi le plomb
de chasse. Le meilleur procédé consiste à laisser tomber
les gouttelettes du haut d'une tour élevée dans un bassin
plein d'eau. On polit les grains en les faisant tourner
pendant un certain temps dans un tonneau, où ils achè-
vent de s'arrondir. Cette propriété de renfermer un
poids considérable sous un petit volume, fait rechercher
le plomb dans diverses mécaniques pour y fournir la
matière des contre-poids.

La ductilité du plomb, qui lui permet de se réduire en
lames très-minces sous le laminoir, surtout quand il est
allié avec un peu d'étain, fait qu'il est employé sous
forme de feuilles dans une multitude de circonstances.
La flexibilité de ces feuilles, qui leur permet de se plier
et de se contourner comme si elles étaient de papier,
est souvent mise à profit.

Sa fusibilité qui est telle qu'on peut le faire fondre
dans du papier, et la grande fluidité qu'il possède en cet
état, le rendent très-convenable pour diverses sortes de
moulages. On s'en sert pour des tuyaux de conduite, et
d'autant plus commodément, qu'on les amincit autant
que l'on veut en les passant sous des cylindres cannelés,
avec la seule précaution de mettre une tige de fer dans
leur intérieur pour maintenir leur calibre. On s'en sert
aussi pour divers objets d'ornement, et notamment pour
des statues : le siècle de Louis XIV nous en a laissé un
grand nombre de cette espèce. Le plomb est beaucoup
moins cher que le cuivre ; mais cet avantage est balancé,

parce qu'étant plus lourd, il en faut un poids plus considérable pour une pièce de même volume. Mais l'emploi
par excellence du plomb moulé est la confection des caractères d'imprimerie. Sa mollesse serait un inconvénient majeur si l'on n'avait pas un moyen facile d'y re-
médier, car les caractères ne tarderaient pas à s'écraser
sous l'effort répété de la presse ; mais heureusement,
en alliant au plomb environ un cinquième d'antimoine,
on lui communique toute la roideur et toute la fermeté
désirables : un caractère d'imprimerie peut passer environ deux cent mille fois sous la presse avant d'être usé.
En ne considérant le plomb que sous le rapport de cette
seule application, on pourrait dire que c'est lui qui rend
à la civilisation les plus éminents services. Il est remarquable que le même métal, qui sous la forme de balles
est appelé à décider de la destinée des nations durant la
guerre, soit encore appelé sous une autre forme à exer-
cer sur elles, durant la paix, une influence non moins
grande par la propagation de la pensée.

Le plomb à l'état de combinaison, et sous divers noms
qui masquent sa présence, rend encore un grand nombre
d'autres services. A l'état de carbonate il donne la cé-
ruse, qui est le plus beau blanc que possède la peinture ;
à l'état d'oxyde il donne le minium ou rouge de Saturne ; avec une moindre proportion d'oxygène, la li-
tharge, qui est jaune et d'un usage commun dans plusieurs arts ; combiné avec le soufre, c'est l'alquifoux
employé en quantités considérables pour le vernissage
des poteries ; oxydé et uni à l'acide acétique, c'est le sel
de Saturne que tout le monde connaît ; nous ne pouvons
mentionner toutes les préparations utiles dans lesquelles
il figure.

La nature nous offre plusieurs minéraux plombifères, mais il n'y a vraiment qu'un seul minerai de plomb ; c'est la galène ou sulfure de plomb ; la molécule de galène est composée d'un atome de plomb, et d'un atome de soufre ; en poids, la substance renferme quatre-vingt-cinq parties de plomb et quinze de soufre. Sa couleur est le gris d'acier ; elle est très-brillante, très-lamelleuse, et se brise très-facilement, en montrant une cassure miroitante, et se ternit peu par le contact de l'air ; elle est quelquefois en cristaux dérivant de la forme cubique. Sa pesanteur spécifique est considérable.

La galène est un minéral assez commun : il existe non-seulement dans les terrains anciens, mais même dans les terrains des diverses autres formations. Dans le granite, dans le micaschiste, dans le schiste argileux, ou dans les grès anciens, il remplit des filons plus ou moins épais ; quelquefois il y est en amas. Dans les grès et les calcaires qui sont à l'étage inférieur de la formation secondaire, il est en couches, ou en rognons irrégulièrement disséminés dans l'intérieur des couches.

Ce minerai n'est pas aussi abondant que le minerai de fer, ni la plupart du temps aussi facile à exploiter ; il est néanmoins fort répandu, surtout comparativement au minerai de cuivre, Certains pays, et notamment les montagnes des Alpuxaras en Espagne, en contiennent d'énormes quantités. Il est recherché avec soin partout où il est susceptible de se prêter à une exploitation régulière ; il fournit non-seulement une très-forte proportion de plomb métallique, mais encore une certaine proportion d'argent, provenant du sulfure de ce métal, qui est presque constamment mélangé en petite quantité avec celui de plomb. Le métal que l'on retire de la galène est ordinairement donc un alliage de plomb et d'argent, duquel on sépare l'argent quand il y en a assez pour payer les frais de l'opération. Ce dernier métal a une telle valeur par rapport au plomb, que bien que sa proportion dans l'alliage soit toujours extrêmement faible, c'est cependant sur lui que repose quelquefois le principal bénéfice de l'exploitation de la galène.

Le traitement de la galène est fort simple : en la grillant au contact de l'air, le soufre se brûle et se dégage, le plomb s'oxyde en partie, et en la fondant alors au milieu du charbon, elle achève de se réduire, et donne du plomb métallique qui entraîne avec lui l'argent, s'il y en a. On peut faire le grillage dans un fourneau à réverbère; et, en conduisant l'opération avec soin, elle devient bien plus simple. En effet, l'oxyde de plomb à mesure qu'il se forme agit d'une certaine manière sur le sulfure : l'oxygène de l'oxyde s'unit au soufre du sulfure, et des deux côtés le plomb métallique se trouve mis en liberté. Une autre méthode consiste à fondre la galène avec un corps plus avide de soufre que le plomb, avec le fer, par exemple : chaque atome de soufre abandonnant l'atome de plomb avec lequel il était combiné, se porte aussitôt vers un atome de fer, et le plomb est ainsi affranchi. Cette méthode est plus simple et plus expéditive que la première, mais il faut tenir compte de la valeur du fer qui se trouve perdu. Heureusement l'atome de fer est environ quatre fois moins pesant que l'atome de plomb, de sorte qu'un kilogramme de fer renfermant autant d'atomes que quatre kilogrammes de plomb, suffit à lui seul pour mettre en liberté cette quantité de l'autre métal.

La France possède un fort petit nombre de mines de

plomb, comparativement à ce qui existe dans les autres États de l'Europe. Elle ne produit annuellement qu'environ cinq cent soixante-un mille quatre cent cinquante-neuf quintaux métriques de ce métal; elle en consomme bien davantage.

DES MINERAIS D'ARGENT

L'argent est le métal blanc par excellence : sa couleur n'éprouve aucune altération par le contact de l'air, ce qui permet de le distinguer toujours à la première vue d'avec tous les autres métaux. Il est très-difficilement attaquable par les acides, ce qui est aussi une qualité fort précieuse; l'hydrogène sulfuré (combinaison de soufre et d'hydrogène) a toutefois une très-grande tendance à se combiner avec lui, ce qui est cause que, dans les lieux où se trouve ce gaz qui donne aux œufs gâtés tant de fétidité, l'argent se recouvre promptement d'une pellicule noire qui est du sulfure d'argent. L'argent est assez dur, surtout quand il est allié avec un peu de cuivre, de sorte qu'il peut aller longtemps sans s'user sensiblement. Sa malléabilité est très-grande; elle vient après celle de l'or et du platine : il s'étire en fils de la plus grande finesse, et en le battant on en fait des lames si minces, qu'il en tient jusqu'à dix mille dans une épaisseur d'environ deux millimètres. Il n'est pas fort tenace, car un fil de trois millimètres se rompt sous un poids de quatre-vingts kilogrammes; mais cette propriété ne lui est guère nécessaire dans les divers emplois auxquels il est appelé. Il s'allie

avec tous les autres métaux : mais son alliage avec le
cuivre est à peu près le seul dont on se serve, parce qu'il
lui communique sa couleur et ses principales propriétés.
Son affinité pour le cuivre fait qu'il se soude fort aisément avec lui ; en enfermant ainsi une feuille de cuivre
entre deux feuilles d'argent, cette feuille composée devient susceptible d'être travaillée de toutes façons sans se
dessouder et sans laisser paraître nulle part le cuivre au
dehors ; c'est le principe de ce que l'on nomme le plaqué. L'argent s'allie aussi fort bien au mercure, avec
lequel il forme un amalgame plus ou moins pâteux ; cet
amalgame, étendu à la surface des autres métaux, puis
décomposé par la chaleur qui en chasse le mercure, y
laisse une pellicule d'argent qui les argente. On argente
sur le bois et diverses autres substances en profitant de
la ténacité des feuilles d'argent pour les appliquer sur
les surfaces que l'on veut enrichir. L'argent est fusible
à la chaleur rouge, et peut se mouler comme le cuivre :
c'est une propriété dont l'orfévrerie profite souvent.

Les seules combinaisons de l'argent avec les acides,
dont on ait jusqu'ici tiré quelque parti, sont celles qu'il
forme avec l'acide nitrique, vulgairement l'eau-forte, et
avec le principe de cet acide, qui est un gaz nommé azote.

Ces combinaisons jouissent de propriétés fort énergi-
ques. La première, desséchée et calcinée, donne la pierre
infernale, employée en chirurgie pour brûler la chair
dans certaines circonstances ; cette même combinaison,
dissoute dans l'eau et très-affaiblie, sert à marquer le
linge, dans le tissu duquel elle produit des traces noires
indélébiles. Les deux autres combinaisons, dont l'une se
nomme le fulminate et la seconde l'azoture, sont d'une
instabilité excessive ; il suffit de la chaleur causée par le

plus léger frottement pour les décomposer, et cette décomposition se fait avec une détonation violente. C'est une des poudres fulminantes les plus actives que l'on connaisse. La première pourrait être employée pour les fusils à percussion; mais on préfère le fulminate de mercure. La seconde est d'une violence qui rendrait son emploi trop dangereux.

La beauté de l'argent et son inaltérabilité l'ont fait rechercher de tout temps comme un métal précieux. Malheureusement il est fort difficile de se le procurer, l'exploitation et le traitement de ses minerais demandant en général beaucoup de peines, ce qui devient cause de sa grande valeur. Il n'y a que les maisons riches qui puissent l'appliquer communément au service domestique: on le remplace ailleurs, soit par le cuivre, soit par l'étain, soit par la poterie. Il serait tout à fait déraisonnable de s'imaginer que c'est à cause de sa rareté qu'on en fait si peu usage dans l'attirail de nos sociétés; ce n'est point parce qu'il est rare qu'il est cher, c'est au contraire parce qu'il est cher qu'il est rare. Puisqu'il en existe des mines, il est évident que rien n'empêcherait d'en tirer annuellement du sein de ces mines une quantité vingt fois plus considérable, si la consommation réclamait cet accroissement dans la production. Mais au prix où se trouve ce métal, le besoin qu'on en éprouve fait qu'on n'en demande chaque année qu'une quantité déterminée; si donc on en extrayait inopinément davantage, le surplus demeurerait dans les magasins, ou si l'on voulait s'en défaire il faudrait l'offrir à meilleur marché, de sorte qu'il ne payerait plus les frais de son exploitation; ce redoublement de production serait donc un fort mauvais calcul. Le prix de l'argent est la représentation du

travail que l'on a dû exécuter pour l'obtenir; il en est
de même, dans l'état régulier du commerce, de toutes
les marchandises du monde : c'est toujours de la sueur
humaine plus ou moins condensée. Pour trouver une
égalité de prix entre toutes les marchandises, il ne faut
pas comparer leurs poids, mais le poids des sueurs
qu'elles ont coûté. Ainsi aujourd'hui un kilogramme
d'argent vaut mille kilogrammes de blé; ce qui signifie
que l'extraction d'un kilogramme d'argent du sein de la
terre demande autant de temps et de fatigue que la ré-
colte de mille kilogrammes de blé. Si l'on trouvait un
procédé qui simplifiât l'exploitation des minerais d'argent ou leur traitement, l'agriculture restant en même
temps stationnaire, mille kilogrammes de blé ne pourraient plus être équilibrés que par une plus forte somme
d'argent : la valeur du blé nous semblerait donc avoir
augmenté à cause de notre habitude de considérer celle
de l'argent comme fixe, tandis que ce serait en réalité
cette dernière qui aurait diminué. Il ne serait pas im-
possible qu'un pareil changement se produisit, et que
le prix apparent du blé ne devînt un jour ou l'autre
beaucoup plus grand; ce renchérissement attesterait
l'augmentation de la richesse métallique de l'espèce humaine. Il y a trois siècles que la découverte de l'Amérique, en donnant à l'Europe des mines plus faciles à
exploiter et des minerais plus riches, a déterminé un
phénomène de cette nature bien frappant : l'argent, par
suite de cette découverte, a presque subitement perdu
une grande partie de sa valeur. Depuis la plus haute antiquité cette valeur était demeurée à peu près invariable,
un kilogramme de métal répondant constamment à environ trois mille kilogrammes de blé.

Ces mêmes considérations font concevoir que le perfectionnement de l'agriculture tend à produire un phénomène inverse. Il en résulte aussi que ce serait se méprendre étrangement que de croire, comme on le fait
souvent, qu'une mine d'argent ou d'or (car ce que nous
disons de l'argent s'applique également à l'or) soit toujours un trésor pour celui qui la trouve : il faudrait pour
cela que la mine fût une espèce de cave toute gorgée de
lingots, ce qui ne se voit guère. Voici une mesure bien
simple pour la valeur des mines d'argent ; si le minerai
est tellement riche et tellement massif qu'on en puisse
extraire l'argent à meilleur marché que de la plupart
des autres mines, la mine est véritablement un trésor ;
si le minerai est dans l'état moyen, la mine revient précisément à un champ capable d'employer le même nombre de bras qu'elle ; si enfin le minerai est trop pauvre
et trop disséminé, la mine est sans aucune valeur, car il
est évident que les mineurs auront toujours bien plus de
profit à labourer la surface de la terre pour en tirer du
blé, que le fond de leur mine pour en tirer de l'argent.
La condition pour qu'une mine d'argent ait quelque utilité
aujourd'hui est donc bien facile à exprimer, c'est que le
travail à faire pour en extraire un kilogramme d'argent
ne soit pas plus considérable que celui qui répond à
mille kilogrammes de blé. Aussi existe-t-il un grand
nombre de mines d'argent que l'on connaît et que personne n'exploite, et un grand nombre d'autres qui ont été
exploitées anciennement et qui sont abandonnées aujour-
d'hui. Il y en a bien peu qui vaillent une mine de houille.

La grande valeur de l'argent et son inaltérabilité le
rendent parfaitement propre à servir de matière cou-
rante pour les échanges, c'est-à-dire de monnaie. Sa

cherté devient un avantage, puisqu'elle est cause qu'il
suffit d'une pièce fort légère pour représenter toute la
masse des objets nécessaires à notre existence quoti-
dienne. Son inaltérabilité fait que l'on peut le conserver
tant que l'on veut, sans être exposé à lui voir éprouver
aucun dommage, soit par l'air, soit par le temps ; la
rouille ne le ronge point, et la vétusté ne le gâte pas. Le
fer, ce métal si dur, cède promptement à l'influence
destructive de l'humidité ; mais l'argent garde sa qualité de métal, et tandis que les lances et les cuirasses
enfouies dans la terre ne sont plus qu'un oxyde fragile,
les pièces d'argent que l'antiquité y a laissées sont encore aussi fraîches que si elles étaient sorties d'hier seulement des mains du monnayeur. La dureté de l'argent
lui donne un autre genre d'inaltérabilité, c'est-à-dire
qu'il ne s'use point, ou du moins presque point, par les
frottements nombreux qu'il endure dans la circulation.
Il n'est cependant pas tellement dur, que l'effet de ces
frottements ne se fasse sentir à la longue, ainsi que l'attestent les empreintes à demi effacées de toutes les
monnaies qui ont quarante ou cinquante ans de service.
Il y a là pour la richesse monétaire une cause permanente de diminution, et chaque année une quantité notable d'argent sort ainsi de notre bourse, et se dissipe
en une poussière impalpable et qu'on ne retrouve plus.
Mais si notre monnaie était de plomb, sa détérioration
serait bien plus rapide. Enfin une dernière circonstance,
et qui sous le rapport de l'économie politique donne à
l'argent le même caractère de fixité que les précédentes,
c'est que les travaux nécessaires à sa production sont
d'une nature tellement constante, qu'à moins de quelque
révolution considérable, telle que l'a été la découverte

de l'Amérique, sa valeur ne saurait varier d'une année
à l'autre d'une quantité notable. Des richesses réalisées
en argent peuvent donc être considérées comme assu-
rées, tandis que si on les réalisait en fer, ou en quelque
autre production des arts encore plus exposée aux
chances de la hausse ou de la baisse, on devrait les
considérer au contraire comme un fonds flottant et
incertain.

Ces avantages sont cause que les hommes se sont
accordés, comme d'instinct, dans toutes les parties du
monde, à choisir l'argent pour substance monétaire.
On l'aime à peu près également partout, et ce goût uni-
versel que l'on a pour lui, présente quelque chose d'admirable, puisqu'il permet aux hommes de transporter
leur richesse sous cette forme, en tel endroit qu'ils le
désirent, sans qu'elle soit sensiblement amoindrie par
le déplacement. Une mesure commune à tout le genre
humain est un assez grand élément de civilisation pour
mériter la bénédiction de tous les gens sages. Les opérations du change sont fondées sur les variations qu'é-
prouve l'argent monnayé d'une place à l'autre ; mais ces
variations, qui portent principalement sur la partie de
la valeur relative au monnayage, sont toujours extrêmement légères : le cours du métal brut est à peu près fixe
dans tous les pays civilisés.

Il est certain que l'on produit chaque année beaucoup
plus d'argent que l'on n'en use ; de sorte que la quantité
d'argent qui existe entre les mains de l'espèce humaine
augmente assez rapidement d'année en année : le fonds
de la richesse publique est donc dans une progression
constante sous ce rapport.

L'argent est assez précieux pour que l'on recherche et

que l'on traite comme minerais des substances qui n'en contiennent qu'une fort petite proportion. Un minerai d'une richesse d'un demi-millième, c'est-à-dire tel que, sur une masse de deux mille kilogrammes de matière brute, il y a un kilogramme de métal, peut être regardé comme fort avantageux. Les espèces minérales qui renferment l'argent sont cependant, dans leur état de pureté, presque toutes chargées d'une proportion considérable d'argent ; mais on ne les trouve isolées que fort rarement ; elles sont la plupart du temps mélangées avec les substances étrangères qui sont dans les mêmes filons qu'elles : le quartz, le calcaire, la galène, le cuivre pyriteux, etc., et quelquefois dans un tel état de dissémination, que l'œil ne saurait les distinguer, et qu'on ne peut constater leur présence que par des épreuves chimiques. Outre cela, on trouve ordinairement ensemble dans les mêmes gisements plusieurs minerais d'argent différents, de sorte qu'on les laisse l'un avec l'autre, et qu'on les fond en commun sans chercher à les séparer.

Ceux de ces minéraux qui sont les plus importants, tant par leur abondance que par leur composition, sont l'argent natif, l'argent sulfuré, l'argent antimonié sulfuré ou argent rouge, et l'argent chloruré ou argent corné.

L'argent natif est ordinairement sous forme de filaments renfermés dans le sein de la pierre ; ces filaments sont quelquefois frisés et aussi fins que des cheveux. On le trouve aussi en petits cristaux cubiques, ou bien il s'étend à la surface de la pierre en dendrites cristallisées, semblables à des feuilles de fougères. Il n'est pas toujours pur ; il y en a qui est allié en diverses proportions avec de l'or, avec du mercure avec de l'antimoine,

15

avec de l'arsenic. Il ne constitue pas des gisements indépendants, mais se trouve pêle-mêle avec d'autres minerais. On en a trouvé dans certains filons des blocs considérables ; mais de pareilles rencontres sont toujours
accidentelles et ne font pas la règle ; un morceau de
quelques grammes est partout une véritable trouvaille.
Dans le dix-huitième siècle, les mines du Pérou en ont
fourni deux masses, dont l'une pesait quatre cents kilogrammes et l'autre cent. On dit que dans le quinzième
siècle il en a été trouvé une, dans la mine de Schneeberg
en Misnie, du poids de dix mille kilogrammes : mais s'il
faut regarder ces faits comme vrais, il est au moins permis de les taxer d'extraordinaires. On sent que le prix
de l'argent baisserait bien vite, s'il se présentait souvent
de cette manière. Mais combien faut-il chercher, et
abattre, à force de peine, de pierres inutiles dans l'intérieur de la mine, pour arriver à quelques petits morceaux d'argent qui servent de but et de récompense à
tant de travail !

L'argent sulfuré est d'un gris terne à l'extérieur, et
d'une couleur de plomb dans sa cassure fraîche ; il est
légèrement ductile, et se laisse couper au couteau en
petites lames, ce qui est un caractère très-remarquable
pour un minéral : aussi le distingue-t-on très-facilement
du cuivre sulfuré avec lequel il a beaucoup de rapports.
Il est formé d'un atome d'argent, d'un atome de soufre
ou, en poids, de quatre-vingt-seize d'argent et de qua-
torze de soufre. Exposé à une douce chaleur, il se décompose, le soufre se dégage, et la surface devient d'argent. Cette espèce est la plus importante, car c'est d'elle
que provient la plus grande partie de l'argent qui entre
annuellement dans la circulation. On peut même dire

que c'est le seul minerai d'argent qui existe en Europe :
les autres espèces y sont trop rares pour mériter ce nom.
On le trouve, soit par portions plus ou moins considérables, disséminées dans la masse du filon : ce sont là
les véritables mines d'argent ; soit à l'état de combinaison dont nous avons déjà parlé, avec le sulfure de
plomb ou avec le sulfure de cuivre ; ce sont là les mines
de plomb ou de cuivre argentifères.

L'argent rouge est un minéral d'un fort bel aspect ; il
est fréquemment en cristaux, dérivant de la forme du
rhomboèdre, comme le carbonate de chaux ; il est d'un
rouge plus ou moins intense, souvent translucide, avec
une cassure brillante et vitreuse. Sa poussière est toujours d'un beau rouge. Son atome est formé de deux
atomes de sulfure d'antimoine combinés avec trois
atomes de sulfure d'argent. Il renferme en poids cinquante-neuf parties d'argent. En Europe il ne se trouve
jamais qu'en petite quantité dans les filons, mais en
Amérique il forme quelquefois la partie la plus importante du dépôt.

L'argent chloruré est remarquable par sa couleur
jaune verdâtre, sa demi-transparence, et sa consistance
analogue à celle de la cire. Il se décompose par le simple
frottement d'une lame de fer ; le chlore est enlevé et
l'argent se révivifie. Il contient un atome d'argent et
deux atomes de chlore, ou en poids, soixante-quinze parties d'argent et vingt-cinq de chlore. Il est très-rare dans
les mines d'Europe, mais dans les mines d'Amérique il
est commun : il fait partie de ces minerais terreux, et
chargés d'oxyde de fer connus au Pérou sous le nom de
pacos, et au Mexique sous celui de *colorados*. Il est l'objet
d'une exploitation très-soutenue.

Les minerais d'argent se trouvent généralement dans des filons. Il y en a dans les terrains anciens, tels que les micaschistes et les autres roches cristallisées ; les terrains de schiste argileux en renferment des gisements particulièrement remarquables, tant en Europe qu'en Amérique. Enfin, on en rencontre au Mexique et au Pérou, dans les calcaires de la formation secondaire ; c'est dans cette position que se montrent les minerais terreux chlorurés.

Le traitement des minerais d'argent est assez compliqué ; mais il nous suffit d'en donner ici une idée générale. Il y a deux méthodes entièrement distinctes, la fonte et l'amalgamation. Dans toutes deux on se propose le même but ; c'est d'enlever l'argent du milieu de ses combinaisons et de ses mélanges à l'aide d'un autre métal qui le dissout et qui l'entraîne, et duquel on le sépare plus tard. Les minerais sont si pauvres que si l'on cherchait à les fondre directement, on n'en retirerait presque rien ; les rares particules d'argent demeureraient perdues au milieu de la masse des scories. C'est donc une espèce de lavage métallique, par lequel on vient à bout de dépouiller entièrement un minerai plus ou moins terreux de son contenu en argent. Dans l'amalgamation on emploie comme métal dissolvant le mercure, et comme ce métal est naturellement liquide, il n'est pas nécessaire d'avoir recours à la chaleur, ce qui est un très-grand avantage sur les plateaux élevés de l'Amérique, entièrement dépourvus de combustible. Dans le traitement par la fusion on emploie le plomb ; il faut s'aider de fourneaux et de charbon, mais le plomb étant beaucoup moins cher que le mercure, et compagnon assez fidèle des minerais d'argent, surtout en Europe, cette méthode a de son côté beaucoup d'avantages qui parlent en sa faveur, et qui la font ordinairement préférer dans les usines de l'ancien monde.

Le mercure métallique n'agissant sur l'argent que quand celui-ci est à l'état métallique ou à l'état de chlorure, il en résulte des manipulations assez compliquées pour transformer préalablement en chlorure le minerai d'argent qui est ordinairement un sulfure. En Amérique, on fait agir le mercure sur le chlorure d'argent, tenu en dissolution dans de l'eau chargée de sel marin ; le chlorure de mercure, qui est le produit de cette réaction, se dissout et se perd, ce qui est un dommage notable. En Saxe, où l'on pratique aussi l'amalgamation, on réduit d'abord le chlorure d'argent à l'état métallique par le fer, et l'on fait ainsi agir le mercure sur l'argent métallique. Il n'y a alors presque pas de perte sur le mercure. On a essayé, dans ces derniers temps, d'importer ce procédé en Amérique, mais cet essai n'a pas réussi. Il est cependant permis de considérer l'exploitation et le traitement des minerais d'Amérique comme susceptibles de recevoir, par la suite des temps, des perfectionnements économiques, qui tendront à réduire la valeur de l'argent. L'amalgame d'argent et de mercure une fois obtenu, on le filtre à travers des peaux, ou même à travers du bois, à l'aide d'une forte pression : le mercure liquide s'écoule, et il reste un amalgame pâteux qui contient beaucoup d'argent, et dont on achève de chasser le mercure par la distillation.

Les minerais d'argent natif sont traités directement par le plomb métallique, ou, ce qui revient au même, par l'oxyde de plomb mêlé de charbon.

Les minerais argentifères, proprement dits, tels que

l'argent rouge, etc., ne peuvent pas être traités directement par le plomb, à cause du soufre, de l'antimoine, de l'arsenic qu'ils contiennent. On les fond avec du fer métallique et de la galène : le fer décompose le sulfure de plomb et celui d'argent ; ces deux métaux s'allient et s'écoulent, tandis que le sulfure de fer qui s'est formé à leurs dépens se combine avec l'antimoine et l'arsenic, et surnage au-dessus du bain métallique d'où on l'enlève.

Les minerais de plomb argentifères sont traités comme s'ils ne contenaient que du plomb suivant les procédés que nous avons indiqués à l'article de ce métal. Le plomb entraine avec lui tout l'argent.

Les minerais de cuivre argentifères sont traités comme si l'on ne se proposait que d'en extraire le cuivre. L'argent accompagne le cuivre durant tout le cours du traitement, et demeure encore avec lui en dernier lieu. Pour l'en extraire on fond ce cuivre avec du plomb ; on coule ensuite cet alliage sous forme de gâteaux, que l'on soumet à une chaleur modérée : le plomb étant beaucoup plus fusible que le cuivre, se sépare de l'alliage en entraînant avec lui l'argent pour lequel il a une très-grande affinité : le cuivre, à peu près dépouillé de tout l'argent qu'il contenait, demeure dans le fourneau avec sa première forme comme une carcasse poreuse.

La question se réduit donc toujours en dernière analyse à séparer le plomb de l'argent. L'opération est fort simple ; elle est fondée sur ce que le plomb tenu en fusion au contact de l'air s'oxyde, tandis que l'argent n'éprouve au contraire aucune altération. C'est ce que l'on nomme la coupellation. On opère dans un fourneau à réverbère, le vent d'un soufflet est dirigé sur la surface du bain

de plomb ; l'oxyde, qui est très-fusible et plus léger que
le métal, s'écoule par une petite rigole à mesure qu'il se
produit ; et, après une douzaine d'heures environ, tout le
plomb étant converti en oxyde et sorti du fourneau, on
voit apparaître, comme sous un voile qui se déchire, la
surface brillante du gâteau d'argent. Ce signal que l'on
nomme *l'éclair*, marque la fin de l'opération. Le plomb
que l'on soumet à la coupellation, et duquel on sépare,
pour ainsi dire, jusqu'au dernier atome d'argent, ne
contient en général qu'un demi-centième de ce dernier
métal ; souvent même il n'en contient qu'un millième :
mais cette quantité d'argent est suffisante pour payer
avec bénéfice les frais de l'opération. Quant au plomb,
on le vend à l'état d'oxyde, ou bien on le révivifie en
fondant cet oxyde au milieu du charbon.

La France ne possède qu'un très-petit nombre de
mines d'argent ; les plus importantes sont celles de
Poullaouen, dans le département du Finistère ; elles ont
donné environ quinze cents kilogrammes d'argent par
an. Les autres mines n'en fournissent pas même autant
toutes ensemble. On ne peut donc guère considérer l'argent comme une des richesses de notre pays, puisque
la valeur de sa production totale n'a pas dépassé en 1859
la valeur de sept cent mille francs. L'Europe en répand
annuellement pour quinze millions ; la Sibérie pour
quatre millions ; l'Amérique pour cent quatre-vingt
millions. C'est, comme on le voit, ce dernier continent
qui est pour le monde la source principale de l'argent.
Jusqu'en 1848 l'Amérique entière avait fourni de l'argent
pour une somme de 27,122 millions de francs.

DES MINERAIS DE MERCURE

Le mercure se distingue de tous les autres métaux par son excessive fluidité. Le degré de chaleur qui est nécessaire pour sa fusion est ce que, comparativement aux températures que nous sommes habitués à ressentir sur la terre, nous nommons un grand froid : c'est à 32 degrés au-dessous de la glace fondante que cette fusion s'opère. A l'état solide, c'est un métal blanc, à cassure grenue et brillante, très-pesant, légèrement malléable, et recevant l'empreinte du marteau à peu près comme le plomb. A l'état liquide tout le monde le connaît. Il n'est naturellement solide que durant l'hiver, et seulement dans les contrées voisines des cercles polaires.

La singularité du mercure n'est pas aussi absolue qu'elle nous le semble au premier abord ; elle est surtout produite par l'étonnement involontaire que nous ressentons à la vue d'un métal fondu, dans lequel nous pouvons plonger la main sans éprouver d'autre sensation que celle du froid. Cela tient à nous bien plus qu'au fond véritable des choses. Et, en effet, le mercure est certainement beaucoup plus voisin du plomb sous le rapport de sa fusibilité, que le plomb ne l'est du cuivre ou le cuivre du fer : il ne forme donc pas, sous le rapport de sa fluidité, une anomalie tranchée dans la succession des métaux.

Le mercure est principalement appliqué à la construction des divers instruments de physique, tels que les

baromètres, dans lesquels on a besoin d'un liquide très-
pesant : tous les autres liquides sont beaucoup trop légers pour pouvoir le remplacer dans ce genre de service. On l'emploie aussi pour les thermomètres, à cause
de la rapidité avec laquelle il s'échauffe ou se refroidit
et des grandes variations de volume que les change-
ments de température lui font subir. La propriété qu'il
possède de s'allier avec l'or et l'argent, et de les dissoudre, est mise à profit pour l'extraction de ces métaux,
ainsi que pour la dorure. Son alliage avec l'étain sert à
former ces feuilles métalliques si blanches et si éclatantes, qui se collent derrière les glaces. Enfin, plusieurs sels de mercure sont employés dans la pharmacie,
et son sulfure, qui est le cinabre ou vermillon, est une
des plus brillantes ressources de la peinture.

Le mercure se trouve à l'état métallique dans le sein
de la terre ; il est disséminé sous forme de petites gouttelettes dans certaines roches, et particulièrement dans
des schistes. Il se réunit dans les fentes et dans les cavités, et c'est là qu'on le recueille. Il est trop peu abondant pour former nulle part la base d'une exploitation
spéciale ; on se contente de le ramasser dans les mines
où on le rencontre en cherchant d'autres minerais.

Le minerai principal est le sulfure ; il résulte de la
combinaison d'un atome de mercure avec un atome de
soufre, et renferme environ 85 parties de métal. Quand
il est pur, il est d'un très-beau rouge ; mais il est souvent mélangé avec diverses substances, et notamment
avec du bitume, qui le rendent brun. Aussi celui que
l'on emploie dans les arts, sous le nom de vermillon,
est fabriqué de toutes pièces ; il suffit pour en produire
de projeter du mercure dans du soufre fondu. On le

rencontre principalement dans des terrains de formation secondaire, soit en amas, soit en filons. Il ne forme qu'un très-petit nombre de gisements, et surtout de gisements dignes d'exploitation. Presque tout le mercure annuellement consommé en Europe et en Amérique provient de deux mines, celle d'Almaden, en Espagne, et celle d'Idria en Carniole. Les autres mines n'ont presque aucune importance. Il en existe en Chine, qui, suivant le rapport des missionnaires, donnent lieu à des travaux fort suivis.

La méthode employée pour extraire le métal de son minerai est fort simple. On le fait chauffer dans de grands fourneaux au contact de l'air ; le soufre se brûle, le mercure se volatilise, et, en conduisant ses vapeurs dans de grands récipients, elles s'y refroidissent et y déposent le métal. Un autre procédé consiste à placer le sulfure dans de petites cornues avec de la chaux ; la chaux s'empare du soufre, et le mercure devenu libre, se vaporise et se rend dans des vases remplis d'eau, où il se condense.

Le mercure, avec les quatre métaux dont nous avons déjà parlé, complète l'ensemble des métaux que l'on pourrait nommer les métaux essentiels, attendu que les autres ne font guère que répéter plus ou moins exactement leurs diverses propriétés. Si la nature ne leur avait pas donné de suppléants ils pourraient suffire à eux seuls à presque tous les besoins de l'espèce humaine. C'est à cause de cela que nous avons jugé nécessaire de donner un peu plus de développement à leur histoire que nous n'en donnerons à celle des autres.

DES MINERAIS D'ÉTAIN

L'étain peut, à certains égards, être considéré comme de l'argent imparfait, il est blanc, ne se laisse que difficilement attaquer par les acides, se fond et se travaille commodément. La vaisselle d'étain a été longtemps en honneur. On emploie aussi très-fréquemment ce métal à l'état de plaqué, comme l'argent : c'est ce que l'on nomme étamer. Cette opération se pratique dans certaines vues sur les ustensiles de cuivre et de fer. L'étamage fait sur des feuilles de tôle, constitue ce que l'on nomme le fer-blanc, qui réunit la solidité intérieure du fer à l'inaltérabilité superficielle de l'étain. Enfin, allié avec le cuivre, comme nous l'avons déjà dit, il forme le bronze; allié avec le mercure, il sert à la fabrication des glaces; allié avec le plomb, il donne des qualités d'étain inférieures, mais qui ressemblent beaucoup à l'étain pur, et qui circulent dans le commerce.

Il n'y a qu'un minerai d'étain, c'est l'oxyde. L'atome d'oxyde contient deux atomes d'oxygène et un d'étain; en poids, il contient soixante-dix-huit parties d'étain. Cette substance est tantôt opaque et tantôt translucide, et d'une couleur qui varie depuis le blanc jaunâtre jusqu'au brun noirâtre; sa dureté est très-grande, car elle étincelle sous le choc du briquet; elle est aussi très-pesante, sa densité est à peu près la même que celle du fer. Elle est souvent cristallisée et ses cristaux dérivent de l'octaèdre.

L'oxyde d'étain fait partie des terrains les plus anciens ; il s'y trouve, soit en filons, soit en amas, soit en
filets disséminés dans la roche comme un réseau. Les
dépôts les plus considérables sont dans le granite. Il y
en a aussi dans les schistes et dans les porphyres. Enfin, on en trouve des quantités considérables dans certains terrains d'alluvion, provenant de la désagrégation
des roches plus anciennes, dans lesquelles il avait été
primitivement déposé. La Cornouaille, la Saxe, et la
Bohême sont en Europe les pays où l'on exploite l'étain.
Il en vient beaucoup de Banca et de Malaca, dans les
Indes ; enfin il y en a aussi au Mexique. En France on
en a trouvé quelques traces, en Bretagne et dans le Limousin ; mais il y en a trop peu pour donner lieu à une
exploitation.

La préparation du métal est fort simple ; il suffit de
faire chauffer l'oxyde avec du charbon ; il se réduit par
l'influence du charbon, et le métal, mis en liberté, se
rend dans les moules qu'on lui a préparés.

DES MINERAIS DE ZINC

La principale utilité du zinc vient de sa combinaison
avec le cuivre, laquelle est le laiton dont nous avons
déjà parlé. Cet alliage a été connu des anciens, mais ils
ne paraissent pas avoir possédé le zinc métallique lui-
même. Il n'a reçu son nom comme métal particulier que
depuis environ trois siècles. Son emploi dans les arts
est bien plus moderne encore, car il ne remonte pas au

delà des premières années de ce siècle. Le zinc n'a pas
de propriétés bien caractéristiques ; cependant, comme
il se lamine et résiste suffisamment aux injures de l'air,
on l'emploie sous forme de feuilles, en remplacement,
soit du plomb, soit du fer-blanc. On s'en sert aussi pour
les moulages. Sa propriété de brûler avec flamme n'est
mise à profit que dans certains feux d'artifice, et sa vo-
latilité ne sert qu'à faciliter son extraction. La combinaison de son oxyde avec l'acide sulfurique est employée
dans les arts sous le nom de vitriol blanc.

Il y a trois sortes de minerais de zinc : le carbonate,
le silicate et le sulfure. Le carbonate et le silicate sont
ordinairement associés dans les mêmes dépôts ; ils ont
à peu près la même apparence, et on les exploite ensemble sous la dénomination commune de calamine.
Leur aspect est à peu près celui de la pierre calcaire ;
ils sont tendres, faciles à pulvériser, quelquefois cristallisés à leur surface. On les trouve comme la pierre
calcaire, tantôt en masses compactes, tantôt en masses
lamellaires ; quelquefois ils sont sous forme de concrétions ou de stalactites.

La molécule de carbonate est composée d'une molécule d'oxyde de zinc et d'une molécule d'acide carbonique ; dans son état de pureté ce minerai contient 55
pour 100 de zinc. Le silicate renferme deux molécules
d'oxyde de zinc unis avec une molécule de silice, et une
molécule d'eau ; il contient un peu moins de métal que
le précédent. On distingue ces deux minerais en les dissolvant dans un acide : le carbonate y fait effervescence ;
le silicate y donne naissance à une sorte de gelée formée
de silice. Mais, comme nous l'avons dit, ils sont fréquemment mêlés l'un avec l'autre de telle sorte que l'on

ne saurait les distinguer; le minerai se trouve être du carbonate et du silicate tout ensemble.

Le sulfure est ce que l'on nomme vulgairement la blende. Son aspect n'a rien de constant. Il est plus ou moins brillant, d'une couleur qui varie du blond au brun foncé : quelquefois aussi il est rougeâtre. Il est tantôt opaque et tantôt transparent, tantôt cristallisé et tantôt compacte. Sa cassure offre généralement quelque chose de l'éclat de la résine. Il n'est pas très-dur, et ne fait pas feu sous le choc du briquet. Il contient un atome de zinc et un atome de soufre ou 66 pour 100 de métal. Il est infusible; mais quand on le grille au contact de l'air, il se décompose; le soufre se brûle, et le sulfure se change en oxyde.

La blende est un minéral assez commun; on le rencontre dans un grand nombre de filons en compagnie d'autres minéraux ; elle est presque toujours associée au plomb sulfuré, dont on la sépare par les lavages. On l'a longtemps rejetée sans en tirer aucun parti, parce qu'on ignorait les procédés par lesquels on peut en retirer le métal. Aujourd'hui on commence à s'en servir dans plusieurs endroits. Son gisement le plus ordinaire est dans les terrains anciens.

Les deux espèces de calamine ne se trouvent pas seulement dans les terrains anciens, elles sont en couches ou en amas dans les terrains contemporains de l'établissement des êtres organisés sur le globe. On en trouve des dépôts depuis la partie inférieure du terrain houiller jusqu'à la partie moyenne des terrains secondaires ; on en trouve des traces jusque dans les terrains de l'âge tertiaire. Ces minerais sont ordinairement enclavés dans des couches calcaires. Une des mines les plus célèbres

de calamine est celle de Limbourg, près d'Aix-la-Chapelle : c'est un amas grand comme une colline, et qui
est exploité à ciel ouvert comme une carrière.

Les minerais de zinc, au point de vue de la métallurgie, peuvent être tous considérés comme des oxydes,
car, soit par la chaleur, soit par le grillage, on les ramène tous à cet état. L'oxyde une fois obtenu est mélangé grossièrement avec de la poussière de houille ou
de charbon, et placé dans des tuyaux de terre, que l'on
soumet à la chaleur rouge dans des fourneaux convenablement disposés. La réduction de l'oxyde s'opère, et le
métal qui est volatil se dégage par un orifice pratiqué
au sommet des tuyaux, et se rend dans des récipients,
où il se dépose sous forme de grenailles ; on le refond
et on le coule en formes.

Pour la préparation du laiton, on traite à une haute
température dans des creusets un mélange de cuivre,
d'oxyde de zinc et de charbon. Le zinc se combine avec
le cuivre à mesure qu'il se produit, et l'on trouve l'alliage désiré dans le fond des creusets.

La consommation du zinc augmente graduellement.
L'Angleterre, la Belgique, l'Autriche et les provinces
rhénanes sont les provinces qui en fournissent le plus.

DES MINERAIS D'OR

On pourrait presque dire que l'or est de l'argent
jaune ; en effet, à part sa couleur, presque toutes ses
propriétés utiles sont les mêmes que celles de l'argent ;

il a seulement le désavantage d'être environ quinze fois plus cher; il est aussi à peu près deux fois plus lourd, ce qui double encore la différence de prix qui existe entre ces deux métaux, lorsque l'on compare leurs volumes, au lieu de comparer seulement leurs poids. La grande malléabilité de l'or est un remède à sa cherté, puisqu'elle permet de l'employer en dorures, c'est-à-dire par couches excessivement minces : comme les seules qualités que l'on recherche dans l'or sont celles qui paraissent à sa surface, savoir, la couleur et l'éclat, les objets revêtus d'une simple lame d'or, font absolument le même effet que ceux qui sont en or massif. L'or jouit d'une telle malléabilité, que l'on a calculé que 35 grammes d'or suffisent pour couvrir entièrement un ruban de 1,000 kilomètres de longueur, sur environ un tiers de millimètre de largeur, et une pièce de vingt francs pour dorer une statue équestre tout entière. Il est bien entendu que ce sont là les limites extrêmes de ce qu'il est possible à l'art du doreur de produire, et que de pareilles dorures ne seraient guère durables. En général on les fait beaucoup plus solides ; celle du dôme des Invalides, par exemple, représente une somme de 94,000 fr. Malgré le soin que l'on a de ramasser les vieilles dorures pour en retirer l'or, on ne peut nier qu'il ne se fasse par là une déperdition d'or considérable; il n'y a pas, sous le soleil, de métal qui soit étalé sur une surface proportionnellement aussi considérable que celui-ci, et qui, par conséquent, soit plus exposé, toujours proportion gardée, aux actions destructives de toute espèce : ce que l'on nomme l'inaltérabilité de l'or n'est qu'une chose relative à ce que l'on voit dans les autres métaux, et ne le garantit pas entièrement.

L'or s'allie avec un grand nombre de métaux, mais on n'emploie guère que ses alliages avec le cuivre, avec le mercure et avec l'argent.

L'alliage d'or et d'argent est employé dans la bijouterie, il est d'un jaune plus ou moins pâle.

L'alliage d'or et de cuivre est au contraire rougeâtre; c'est celui dont on se sert pour les monnaies et pour la bijouterie ordinaire. La monnaie contient un dixième de cuivre, et les bijoux un dixième et deux tiers. On distingue approximativement le titre des objets d'or, en dessinant une trace sur une pierre noire avec le morceau de métal que l'on veut essayer, et en versant ensuite sur cette trace un peu d'acide nitrique; l'acide dissout tous les métaux de l'alliage, excepté l'or, et avec un peu d'habitude on reconnaît la proportion de l'or à l'inspection de l'affaiblissement que la trace métallique a subie dans cette opération. C'est ce qu'on appelle l'essai par la pierre de touche.

L'alliage, ou plutôt l'amalgame de l'or et du mercure, est employé pour la dorure à chaud sur les métaux, tels que le cuivre, l'argent, etc. On tire aussi parti de cet alliage pour extraire l'or de certains minerais.

L'or ne se trouve guère dans la nature, qu'à l'état métallique; il y existe cependant, dans quelques minéraux fort rares, dans l'état de combinaison avec un corps simple, nommé le tellure. L'or métallique a son gisement primitif dans les filons qui traversent les terrains anciens, comme le granite, le schiste argileux, etc. Il est répandu dans ces filons en petits grains, en paillettes et en ramifications, logés au milieu des matières dont ces filons sont remplis. Tantôt il est avec du quartz ou du calcaire; tantôt il est mélangé avec d'autres minerais,

16

notamment avec du minerai de cuivre ou d'argent, et dans beaucoup d'endroits aussi, en particules presque infiniment petites, dans du fer sulfuré.

On le retire de ces minerais, soit en le traitant par le mercure, soit en le fondant avec du plomb, en suivant un procédé analogue à celui dont nous avons déjà parlé à l'article des minerais d'argent. Quant à la séparation de l'or et de l'argent, elle se fait par le moyen de l'acide nitrique, qui dissout l'argent et ne dissout par l'or.

Dans ses divers gisements, l'or est toujours dans un grand état de dissémination; pour en donner l'idée, il suffit de dire que l'on exploite avec avantage des filons de sulfure de fer, qui n'en contiennent qu'un deux cent millième : c'est-à-dire qu'il faut sortir de la mine deux cent mille kilogrammes de minerai pour en extraire un seul kilogramme d'or. Cela peut faire comprendre comment il se fait que l'or soit un métal si cher, et comment une mine d'or est la plupart du temps, malgré le préjugé vulgaire, une fort maigre propriété. C'est dans les terrains d'alluvion provenant de la désagrégation des roches où était son gisement primitif, que se trouve la plus grande partie de l'or que l'on ramasse annuellement pour le jeter dans le commerce. Il y est en grains et en paillettes disséminés dans une argile rougeâtre plus ou moins sableuse. En lavant cette terre, suivant des procédés analogues à ceux qui servent au lavage des terres qui renferment les pierres précieuses, on opère la séparation de l'or. On est en général obligé de faire subir à la terre aurifère un premier lavage sur place, à l'aide d'un ruisseau que l'on fait tomber en cascade à sa surface; puis, lorsqu'on a ainsi obtenu un résidu suffisamment riche, on le lave à la main dans des espèces de gamelles, au fond desquelles les paillettes se déposent. Il y a un grand nombre de fleuves et de ruisseaux qui exécutent eux-mêmes ce premier lavage sur la terre de la vallée où ils coulent, et qui accusent en divers endroits de leur cours une terre assez riche pour que des ouvriers puissent gagner leur vie en s'occupant du lavage. Cette industrie, qui est fort simple, convient parfaitement à des peuples peu civilisés, et qui n'en ont pas d'autre; aussi l'or, malgré sa haute valeur, est un des métaux que possèdent les tribus les plus sauvages; et l'on sait, par de nombreux témoignages historiques, qu'il était déjà très-répandu parmi les hommes dès la plus haute antiquité. Il est même possible que dans les premiers temps il y ait eu à la surface de certains pays, et notamment en Espagne d'où les Phéniciens tiraient tant d'or, une plus grande quantité d'or qu'il n'y en a aujourd'hui, et que, comme il a été partout ramassé avec grand soin, il y soit naturellement devenu beaucoup plus rare. Ainsi lors de la découverte du Pérou, on trouvait fréquemment à la surface du sol des morceaux d'or de la grosseur d'une amande et au delà; actuellement de pareilles rencontres ne s'y font presque plus.

L'or est donc un des métaux les plus répandus, puisqu'il n'y a guère de terres, ou de sables de rivière, qui n'en contiennent au moins un peu : on pourrait presque dire qu'il y en a partout; on en a trouvé jusque dans les cendres des végétaux. Mais en même temps il est un des plus rares à cause de l'état extrême de division dans lequel il se trouve. Il est si peu concentré dans ses gisements que jamais il ne s'y trouve en masse et que l'on peut presque dire qu'une mine d'or est quelque chose de chimérique.

La découverte du nouveau monde a agi sur la valeur de l'or comme sur la valeur de l'argent. Depuis le seizième siècle, ces métaux précieux ont perdu les trois quarts de leur valeur. On évalue à environ 225 quintaux métriques la quantité d'or qui entrait, il y a 40 ans, annuellement dans le commerce; la plus grande partie provenait du Mexique et du Brésil. L'exploitation des terrains aurifères des monts Ourals, par les Russes, tendait aussi à accroître d'année en année le contingent de l'Europe.

Depuis vingt ans, les lieux d'extraction de l'or se sont multipliés, et sa production a beaucoup augmenté.

En 1848, ont été découverts les gisements de la Californie et, pendant les huit premières années, ils ont fourni, à eux seuls, 2,587,000,000 de francs.

La découverte de l'or en Australie date de 1851 et, dès 1856, elle en avait déjà fourni pour une valeur de 2,500,000,000 de francs; masse que l'on avait figurée à l'Exposition universelle de Londres, en 1862, par un obélisque de 21 mètres de hauteur et de 3 mètres de côté à la base.

En 1856, les mines de Russie ont fourni de leur côté une valeur de 1,800,000,000 de francs.

Cette énorme production de l'or, n'a pas fait baisser son prix autant qu'on pouvait le penser : l'oscillation dans le commerce n'a pas dépassé 6 pour 100, de sorte que sa valeur, par rapport à l'argent, est toujours comprise entre 15,50 et 15,75.

Aujourd'hui le kilogramme d'or vaut 3,434 francs et celui d'argent 222 francs. La valeur de ces deux métaux est donc quinze fois aussi forte pour l'or que pour l'argent, à poids égal.

DES MINERAIS DE PLATINE

Le platine serait certainement un de nos métaux les plus usuels s'il n'était pas si difficile de se le procurer et de le travailler. Il offre des propriétés qu'aucun autre métal ne réunit. Pour l'infusibilité il est l'égal du fer ; pour la malléabilité et l'inaltérabilité, il est supérieur même à l'or ; sa couleur est intermédiaire entre celle de l'argent et celle de l'acier ; et, lorsqu'il est poli, son éclat devient extrêmement vif ; il est assez dur, et sa dureté est de près de deux dixièmes plus forte que celle de l'or. C'est de tous les métaux celui qui éprouve le moins de dilatation par la chaleur. Malheureusement il est très-difficile de le travailler ; on n'a pas la ressource de le mouler comme l'argent ou le cuivre, ni de le forger comme le fer, car il ne se laisse battre et souder que très-difficilement.

La force avec laquelle le platine résiste aux divers agents qui détruisent tous les autres métaux, le rend très-propre à la construction des objets destinés à une longue durée ou à un service difficile. Jusqu'ici cependant il n'est guère en usage que dans les laboratoires et dans certaines fabriques de produits chimiques. On avait voulu s'en servir en Russie pour les monnaies, mais la grande différence de prix qui existe nécessairement entre le métal brut et le métal monnayé, le rend peu convenable pour cet emploi. Ses qualités étant tout à fait celles d'une matière monumentale, il aurait, au

contraire, toutes sortes d'avantages pour les médailles.
Enfin on l'utilise quelquefois pour recouvrir la surface
des faïences et des porcelaines d'une couche métallique
très-mince, dans le genre des dorures ; l'effet de la vaisselle ainsi garnie est assez agréable, et à peu près le
même que celui de l'acier.

Le platine a comme l'or son gisement primitif dans
les terrains anciens ; mais, comme il y est fort rare, on
n'exploite que celui qui a été arraché de ces terrains, et
déposé dans les alluvions. Il se trouve au milieu de ces
terres sous forme de petits grains qui, après les lavages,
demeurent mêlés parmi les grains d'or. Les Espagnols,
qui le découvrirent, lui donnèrent d'abord le nom d'or
blanc, et plus tard celui de platine, dérivé de *plata :*
argent ; comme ils ignoraient l'art de le travailler, ils
le rejetaient sans en faire aucun cas. Ce n'est qu'au
milieu du dix-huitième siècle qu'il a commencé à être
connu en Europe. La science s'en est promptement em-
parée, et n'a pas tardé à lui créer une valeur, en nous
enseignant les moyens de le soumettre à notre service.
Le platine brut se vend à peu près au même prix que
l'argent, mais quand il est travaillé il vaut à peu près
quatre fois davantage. Celui qui est en circulation dans
le commerce vient d'Amérique et de Sibérie. Il y en a
peut-être encore d'autres gisements que l'on découvrira
plus tard, et qui le rendront plus commun.

On sépare les grains de platine des grains d'or avec
lequel ils sont mélangés, par le moyen du mercure qui
dissout l'or, et demeure sans action sur le platine. Dans
le résidu se trouvent plusieurs autres métaux, qui sont
mélangés en petite proportion avec le platine. Nous
nous contenterons de citer les noms de l'iridium, du

rhodium et du palladium, qu'on ne parvient à séparer
les uns des autres que par un traitement assez compliqué, et qui, jusqu'ici, n'ont reçu aucun emploi dans
les arts.

DES MINERAIS D'ANTIMOINE

L'antimoine est un métal d'un blanc bleuâtre; sa
texture est lamelleuse, et quand il est fondu en culot, sa
surface présente ordinairement une étoile à six rayons,
dentelée en forme de feuilles de fougères. Il est entièrement privé de ductilité et de malléabilité; le moindre
choc le brise, et il se réduit très-facilement en poussière. Sa fusibilité est analogue à celle du plomb et de
l'étain, mais il est sensiblement plus dur que ces deux
métaux; aussi augmente-t-il leur dureté quand on l'allie
avec eux.

L'antimoine pur n'est d'aucun usage. On se sert de
son alliage avec le plomb pour la fabrication des caractères d'imprimerie; c'est là son plus important emploi.
Les couverts et la vaisselle d'étain renferment aussi une
certaine proportion d'antimoine, qui les durcit et les
empêche de se déformer trop facilement. En général il
rend les métaux avec lesquels on l'allie beaucoup plus
cassants qu'ils ne l'étaient naturellement. Ainsi il suffit
que l'or contienne une trace presque inappréciable d'antimoine pour perdre toute sa ductilité.

L'antimoine est d'un grand usage dans la médecine:
il est un des éléments essentiels d'un grand nombre de

médicaments. L'émétique est une combinaison d'acide tartrique, de potasse et d'oxyde d'antimoine ; le kermès est une combinaison de sulfure d'antimoine et de sulfure de potasse ; enfin on connaît aussi le soufre doré, la poudre d'Algaroth, le crocus metallorum, etc., qui sont encore d'autres préparations antimoniales.

L'antimoine existe dans divers minéraux ; il y en a même de natif ; mais le seul minéral qui soit exploité comme minerai, est le sulfure. Il est formé de deux atomes d'antimoine et de trois de soufre ; en poids il contient 26 parties de soufre et 74 d'antimoine. Il est très-brillant, d'une couleur gris de plomb, et cristallise en forme de prismes. Il se présente accidentellement dans beaucoup de filons métallifères, mais ses gisements spéciaux sont assez rares. Ce sont des filons situés dans les terrains anciens. On extrait ce métal de son minerai, en transformant celui-ci en oxyde par le grillage, et en réduisant ensuite cet oxyde par le charbon, ou bien en enlevant le soufre directement à l'aide du fer.

La France est un des pays qui produisent le plus d'antimoine. Sa production annuelle est très-considérable, et si cela était nécessaire, elle pourrait être augmentée. Il en existe en Espagne des mines très-abondantes, mais elles sont actuellement abandonnées.

DES MINERAIS DE BISMUTH

Le bismuth est après le mercure le plus fusible de tous les métaux. C'est un métal blanc, lamelleux, jouissant de beaucoup d'éclat. Il n'a aucune ténacité, et se pulvérise sous le choc du marteau.

Sa grande fusibilité et son éclat sont les deux seules propriétés de ce métal qui soient utilisées dans les arts. Il est du reste fort peu répandu.

L'alliage formé de huit parties de bismuth, de cinq de plomb et de trois d'étain, est tellement fusible, qu'il se liquéfie dans l'eau bouillante. Il est très-commode pour prendre les empreintes. On s'en sert aussi pour les injections anatomiques. En diminuant la proportion du bismuth, on a des alliages qui deviennent de moins en moins fusibles, et l'on en peut préparer qui entrent en fusion à telle température que l'on veut. Ces alliages ont acquis depuis quelques années une certaine importance, parce qu'on leur a donné place dans les machines à vapeur. Les explosions auxquelles ces machines sont exposées, étant dues à ce que la vapeur s'élève accidentellement à une température plus forte que celle en vue de laquelle l'appareil a été construit, on pratique à la chaudière une large ouverture que l'on referme avec une plaque d'alliage ; cet alliage est préparé de manière à entrer en fusion au degré de chaleur qui ne doit pas être dépassé ; de sorte que dès que cette chaleur se produit, l'ouverture se dégage et la vapeur, qui commençait à devenir menaçante, s'échappe sans causer aucun mal.

On allie le bismuth avec l'étain pour donner plus d'éclat aux ouvrages faits avec ce dernier métal. Cet alliage sert particulièrement à la fabrication de certains miroirs métalliques.

Le bismuth se trouve à l'état natif dans quelques filons exploités pour l'argent ou pour d'autres métaux.

On le trouve aussi à l'état d'oxyde et de sulfure, Mais c'est principalement des minerais où il se trouve à l'état métallique qu'on l'extrait. En les exposant à une chaleur de 250 degrés environ, le bismuth se fond, et se rend dans le bassin qu'on lui a préparé. C'est la Saxe qui produit tout celui que l'on consomme en Europe. La consommation annuelle n'est que d'une centaine de quintaux.

DES MINERAIS DE NICKEL

Le nickel est sur la limite extrême des métaux utiles. Son emploi ne date même que d'une cinquantaine d'années, et il est extrêmement restreint. Nous n'en parlons en quelque sorte ici que pour mémoire, et pour constater cette tendance constante de l'esprit humain vers la création de nouvelles richesses. Ce métal est blanc, ductile et d'une assez grande dureté; il peut s'allier avec une forte proportion de cuivre sans perdre sa couleur. On a imaginé en Allemagne de tirer parti de cette propriété pour faire des alliages plus ou moins chargés de nickel, et destinés à remplacer l'argenterie. Ils sont connus sous le nom d'argent de Berlin, de Maillechor, etc. : mais jusqu'ici ils n'ont pas une place bien régulière dans le commerce. Ils résistent assez bien aux diverses circonstances qui se rencontrent dans l'économie domestique, mais ils sont, sous tous les rapports, bien inférieurs à l'argent, et d'un prix trop élevé pour avoir jamais un avantage bien décidé sur les couverts de plaqué.

Le nickel se trouve dans un grand nombre de minéraux, mais aucun de ces minéraux n'est commun. On les rencontre ordinairement dans les mines de cobalt. Il est très-difficile d'en extraire le nickel, et cela est cause que ce métal a jusqu'ici une valeur réellement plus grande que son utilité.

Une particularité assez remarquable, c'est que le nickel se trouve constamment avec le fer dans les pierres qui tombent du ciel. Ce métal appartient donc probablement à d'autres mondes que le nôtre. Ici-bas, on ne le trouve point à l'état métallique; il est toujours combiné avec quelque corps qui masque ses propriétés, principalement avec le soufre et avec l'arsenic.

DES MINERAIS D'ARSENIC

L'arsenic se trouve dans la nature à l'état métallique, mais il n'est employé comme métal que pour un petit nombre d'alliages. Uni au cuivre, il donne un métal blanc dont on fait quelque usage en Allemagne; uni au cuivre et au platine, il sert à faire les miroirs de télescopes; enfin, uni au platine, il rend le traitement de ce métal plus facile. Sa couleur est le gris d'acier; il est extrêmement aigre et cassant. On peut l'enflammer, et il brûle avec une flamme bleuâtre, en produisant une fumée blanche, d'une odeur d'ail très-pénétrante.

Cette fumée blanche, qui est l'oxyde d'arsenic, est le poison qui jouit d'une si malheureuse célébrité, sous le nom vulgaire d'arsenic. Cet oxyde, dont le nom scientifique est acide arsénieux, se trouve, comme le métal, dans la nature; mais, comme il y est assez rare, on le prépare artificiellement pour le commerce avec les minerais qui contiennent de l'arsenic. Tout le monde sait avec quelle énergie délétère il agit sur l'économie animale. Il est d'un grand secours dans les campagnes pour la destruction des animaux nuisibles; mais sa couleur blanche, qui le fait facilement confondre, soit avec du sucre en poudre, soit avec de la farine, devient trop souvent cause de funestes méprises. Il est soluble dans l'eau, surtout à chaud. Sa saveur âcre et métallique le trahit quand elle n'est pas trop fortement masquée par d'autres substances de haut goût. En général, lorsqu'il est en poudre, rien n'est plus facile que de le distinguer de toute autre substance, et même d'en reconnaître la plus petite trace; il suffit d'en projeter une pincée sur un charbon ardent; si cette poudre renferme de l'arsenic, le poison se décèle à l'instant par les vapeurs blanches et odorantes qu'il produit.

L'acide arsénieux a plusieurs usages dans l'industrie. On s'en sert comme d'un mordant dans la teinture; on en met quelquefois dans le verre blanc pour le rendre plus brillant; enfin, en le combinant avec l'oxyde de cuivre, on produit un très-beau vert, qui est communément employé dans la fabrication des papiers peints et dans la peinture en bâtiments.

L'arsenic métallique se combine avec le soufre en deux proportions différentes, et donne deux sulfures, qui sont tous deux de couleurs fort éclatantes.

Le sulfure qui contient le moins d'arsenic est d'un jaune pur, extrêmement beau; il est connu sous le nom d'orpiment. Il se compose de deux atomes d'arsenic uni à trois de soufre. On le trouve dans la nature, mais il y est assez rare. Il est d'un grand usage dans la peinture; il a aussi un certain rôle dans les manipulations relaives à la teinture en bleu par l'indigo; enfin il figure ussi dans les pharmacies.

Le sulfure qui contient le plus d'arsenic est d'un beau rouge intermédiaire entre l'écarlate et l'orangé; il porte le nom de réalgar. Il contient un atome de soufre pour un atome de métal. On le trouve, comme le précédent, dans la nature, mais on le fabrique aussi directement. Les Chinois en font beaucoup d'usage pour la médecine; son insolubilité ralentit son action vénéneuse. il sert aussi dans la peinture.

On tire principalement l'arsenic des minerais dans lesquels il se trouve combiné avec le cobalt. Quand on grille ces minerais, l'arsenic se brûle, et se dégage à l'état d'acide arsénieux; on recueille celui-ci dans des chambres où l'on a soin de conduire les vapeurs qui sortent du fourneau avant de les laisser se dégager dans la campagne. On prépare l'orpiment en chauffant l'acide arsénieux avec du soufre; une partie du soufre enlève à l'acide son oxygène, tandis qu'une autre partie s'empare du métal.

L'arsenic métallique, ainsi que son oxyde, se trouvent dans plusieurs filons appartenant aux terrains anciens; l'arsenic métallique se trouve particulièrement en rapport avec les minerais d'argent, et l'oxyde, qui est beaucoup plus rare, avec ceux de cobalt. Le réalgar existe aussi dans les terrains anciens. Quant à l'orpiment, sa formation est plus moderne : on le rencontre dans les terrains secondaires et dans les terrains volcaniques.

DES MINERAIS DE MANGANÈSE

Le manganèse métallique n'est d'aucun usage dans les arts ; il a quelques lointaines analogies avec le fer, mais il n'a point les qualités qui rendent ce dernier métal si précieux. On n'a jusqu'ici tiré parti que de ses oxydes. Ils jouissent de deux propriétés principales ; de colorer le verre en violet, et de produire une certaine quantité de gaz oxygène quand on les chauffe fortement.

Les verriers, comme nous l'avons déjà dit, emploient cet oxyde sous le nom de savon. En effet, lorsqu'il est mêlé avec le verre en petite proportion, il brûle, par le moyen de son oxygène, les matières charbonneuses qui sont souvent répandues dans la masse du verre et lui donnent une teinte grisâtre ; il remplace cette teinte désagréable par une légère nuance de violet, qui est même à peine sensible, parce qu'elle se combine avec une teinte verdâtre due à l'oxyde de fer qui se rencontre presque toujours parmi les éléments dont on compose le verre commun. C'est sous ce rapport que l'oxyde de manganèse est regardé comme une substance blanchissante. Quand on le mêle au verre dans une plus forte proportion, il lui donne au contraire une magnifique nuance de violet qui peut aller jusqu'au noir. Cette nuance ressemble parfaitement à celle de l'améthyste. L'oxyde de manganèse est aussi employé pour fabriquer les émaux violets et noirs destinés à la peinture sur faïence et sur porcelaine

La propriété dont jouit l'oxyde de manganèse de dégager une portion de l'oxygène qu'il contient quand on
le calcine, est mise à profit dans les laboratoires pour
obtenir le gaz oxygène. Mais cette grande richesse d'oxygène est principalement utilisée pour la préparation d'un
gaz particulier qui a commencé à prendre une place
considérable dans l'industrie ; je veux parler du chlore,
dont le nom est aujourd'hui connu de tout le monde, et
qui, découvert par les travaux des savants modernes,
rend dès à présent les plus grands services, soit comme
substance décolorante, soit comme substance désinfec-
tante. On le prépare par le moyen de l'oxyde de manganèse et de l'acide hydrochlorique. Une partie de l'hydrogène contenu dans cet acide se combine avec une partie
de l'oxygène du manganèse, et le chlore ainsi dégagé du
principe acidifiant qui lui était uni demeure en liberté.
Pour faciliter le maniement du chlore, et le condenser
dans un volume commode, on le combine, soit avec de
la chaux, soit avec de la soude, dont il se sépare de lui-
même, peu à peu, à mesure qu'il en est besoin. Cet emploi de l'oxyde de manganèse est de la plus haute importance.

Le manganèse fait partie d'un assez grand nombre de
minéraux ; mais on n'exploite que deux oxydes, le peroxyde et l'oxyde hydraté. Le premier renferme 56 pour
100 d'oxygène, ce qui revient à deux atomes de ce gaz
pour un atome de métal. Il abandonne par l'action de la
chaleur 10 pour 100 d'oxygène. Le second renferme seulement 26 parties d'oxygène, ou trois atomes pour deux
de métal : il est combiné avec une molécule d'eau ; la
chaleur ne lui fait perdre que très-peu d'oxygène. Ces
deux oxydes sont très-différents, mais ils sont fréquem-

ment mélangés ensemble. La couleur du premier est le gris foncé, et son éclat est métalloïde ; il est fréquemment cristallisé, et presque toujours il montre dans sa cassure un groupement d'aiguilles minces et brillantes. Le second est d'un noir brunâtre ; il est très-rarement cristallisé, et il se trouve, soit en concrétions mamelonnées, soit en particules pulvérulentes et terreuses.

On trouve ces deux oxydes de manganèse dans les terrains de tous les âges, même dans les terrains tertiaires et dans les terrains volcaniques. Le peroxyde est le plus commun ; il se trouve, principalement en couches et en amas dans les terrains primitifs. Une mine très-abondante, celle de la Romanèche, près de Mâcon, est située dans une masse de porphyre épanchée dans une couche de grès de la partie inférieure de l'étage secondaire.

DES MINERAIS DE COBALT

Il est possible que l'on utilise un jour le cobalt métallique, comme on a utilisé le nickel, mais jusqu'ici on ne le connaît au point de vue industriel que dans ses combinaisons ; il faut dire aussi qu'il est fort cher. C'est un métal blanc, peu éclatant, assez dur, infusible : comme on ne s'en sert point, nous n'avons pas besoin de parler plus longuement de ses propriétés. Son oxyde jouit à un très-haut degré de la propriété de colorer le verre en bleu. C'est ce qui fait rechercher le cobalt.

En fondant l'oxyde avec du sable blanc et de la potasse, il en résulte un verre d'un bleu presque noir. On réduit ce verre en poudre fine, en le faisant passer au moulin, puis en l'agitant dans l'eau, et en ramassant seulement ce que cette eau dépose après un temps assez long. Cette poudre, qui est bleue et impalpable comme de la farine, est ce que l'on nomme le smalt, l'azur, ou le bleu de cobalt. On l'emploie pour la fabrication du verre bleu. Le verre d'un beau bleu, comme celui dont on fait des vases à fleurs, ne contient qu'une quantité presque insensible de cobalt : cela donne l'idée de sa force colorante. Le smalt sert aussi à donner une nuance bleue au linge et au papier. Enfin, c'est encore avec du smalt, fait avec du feldspath au lieu de sable, que l'on produit toutes les teintes bleues sur les faïences et sur les porcelaines. Sous ce rapport il est très-utile, car la couleur bleue est celle que l'on applique le plus fréquemment sur toutes les poteries fines.

Le smalt ne se délaye point dans l'huile, ce qui empêche généralement de l'employer en peinture. On ne peut s'en servir qu'à la colle. On doit à Thénard l'invention d'un très-beau bleu, dont l'oxyde de cobalt est le principe, et qui ne présente pas le même inconvénient que le smalt. C'est une combinaison d'oxyde de cobalt, d'alumine et d'acide phosphorique. Il est devenu, sous le nom de *bleu Thénard*, une des riches ressources de la peinture.

Il y a deux minerais dont on retire l'oxyde de cobalt, et qui sont tous deux des combinaisons de ce métal avec l'arsenic. Le cobalt arsenical est un minéral brillant, d'un blanc d'argent, aigre et cassant; il contient un atome de cobalt et deux d'arsenic, ou environ 28 p. 100 de cobalt. Le cobalt gris, qui est l'autre minerai, diffère

17

principalement de celui-ci en ce qu'il est plus lamelleux. Il résulte de la combinaison d'un atome de cobalt
avec un atome de soufre et un d'arsenic. Il est beaucoup
plus rare que le précédent, et n'est exploité que dans
deux ou trois localités. Par le grillage, les deux éléments de ces minerais se combinent avec l'oxygène,
l'oxyde d'arsenic se volatilise, et celui de cobalt demeure
dans le fourneau.

Les minerais de cobalt se trouvent en général en filons
ou en amas dans les terrains anciens. Il y a cependant
du cobalt arsenical en petite quantité jusque dans la
partie inférieure du terrain secondaire.

DES MINERAIS DE CHROME

Le chrome est un métal colorant comme les précédents ; son oxyde au maximum d'oxygène donne une
teinte rouge, qui est précisément celle que la nature nous
offre dans le rubis ; sa combinaison au minimum donne
au contraire une teinte verte, qui est celle de l'émeraude. Le premier de ces deux oxydes se comporte à
l'égard des autres corps comme un acide. Plusieurs des
combinaisons auxquelles il donne lieu, et particulièrement le chromate de plomb, jouissent de couleurs éclatantes. Le vert de chrome est d'un grand emploi dans la
peinture sur porcelaine ; et, en général, les couleurs
faites avec le chrome sont d'un grand usage dans la
peinture à l'huile et dans la teinture.

L'oxyde de chrome se rencontre à l'état naturel, mais

il est fort rare. Celui dont on se sert dans les arts provient d'un minéral, dans lequel l'oxyde de chrome se trouve dans un certain état de combinaison avec l'oxyde de fer. Ce minéral renferme jusqu'à moitié de son poids d'oxyde de chrome. Il est en masses informes et à cassure raboteuse, d'une couleur brun noirâtre. On le trouve dans les terrains anciens. On sépare l'oxyde de chrome de l'oxyde de fer par des procédés chimiques assez compliqués, qui consistent à former un chromate de potasse, que l'on isole de l'oxyde de fer en le dissolvant dans l'eau.

CHAPITRE CINQUIÈME

LES EAUX MINÉRALES

——

DE L'EAU EN GÉNÉRAL

En comparant rigoureusement les propriétés apparentes de l'eau avec celles des autres minéraux, on serait
conduit à dire que l'eau est une pierre qui se distingue
des autres par sa plus grande fusibilité. De même que la
fluidité habituelle du mercure n'empêche pas de le
ranger parmi les métaux dont tous ses autres caractères
le rapprochent, de même celle de l'eau ne serait pas un
motif suffisant pour la séparer des pierres. Néanmoins,
la liquidité de l'eau est un fait si habituel, si frappant,
si constamment mis à profit pour nos usages, qu'il est
bien permis de le considérer comme absolu, surtout au
point de vue particulier où nous nous sommes placés, et
de nommer l'eau le liquide par excellence, tandis que la
pierre est au contraire pour nous le solide par excellence. L'eau ne serait véritablement une pierre, que si
la température terrestre venait à diminuer à tel point,
que les climats polaires pussent étendre leur empire sur

toute la surface du globe. Alors nous serions réduits à
abattre l'eau dans des carrières avec le fer, comme nous
le faisons pour la plupart des autres minéraux, et à la
faire fondre pour notre consommation. Mais il est probable que, si la chaleur de notre planète était aussi
faible, l'espèce humaine n'existerait pas. Il lui serait
aussi difficile de vivre sur un Océan glacé qu'au milieu
des inondations des laves et des porphyres; et il n'est
peut-être pas moins nécessaire à son établissement d'avoir
de l'eau liquide que de la terre solide.

La pesanteur spécifique de l'eau est plus faible que
celle de la plupart des pierres; presque toutes tombent
dans son sein avec plus ou moins de vitesse. Sa composition chimique concourt aussi à la mettre dans une
classe à part. Nous avons dit que les pierres renfermaient
toujours une ou plusieurs substances métalliques, combinées avec l'oxygène : l'eau ne contient aucun principe
métallique ; elle n'est composée que de deux éléments,
qui sont le gaz hydrogène et le gaz oxygène. On peut la
produire directement en combinant un volume d'oxygène
avec deux volumes égaux d'hydrogène, ou en poids 100
parties d'oxygène avec 12 d'hydrogène. On peut aussi la
décomposer en ses éléments. On regarde la molécule
d'eau comme formée par l'alliance d'un atome d'oxygène
avec deux atomes d'hydrogène.

L'eau solide présente dans son apparence quelque
analogie avec le cristal de roche. Cet état, qui est entièrement inconnu à la plupart des hommes qui vivent
dans les contrées tropicales, est assez vulgaire dans nos
pays pour qu'il soit inutile de le décrire. Tout le monde
sait que la glace est assez tendre pour se laisser couper
au couteau, qu'elle se brise en fragments anguleux, qu'elle

cristallise en longues aiguilles implantées les unes sur
les autres en forme de feuilles de fougère. On sait aussi
qu'elle est assez résistante, car chacun a maintes fois
éprouvé qu'il suffit d'une couche de glace fort peu épaisse
pour donner à nos pas un sol fixe. Dans les hivers rigou-
reux on s'est quelquefois servi de la glace par divertis-
sement, en guise de marbre, pour élever des palais ou
d'autres monuments de fantaisie destinés à se fondre au
premier signal du printemps.

L'eau solide constitue des terrains fort étendus dans
les régions polaires. Elle est, dans ces régions, partie aussi
essentielle de la croûte de la terre que les granites et
les autres roches qui sont la base des continents et des
îles. Dans les parties les plus septentrionales de l'Asie et
de l'Amérique, l'eau solide constitue, à une certaine profondeur au-dessous de la terre végétale, une couche qui
ne fond jamais, même durant les plus fortes chaleurs
d'été, et qui supporte les gazons et les autres produits
de la végétation des campagnes, à peu près comme le
font dans nos plaines les bancs de grès ou de pierre calcaire. L'eau solide, en un mot, est en permanence dans
tous les lieux dont la température habituelle est assez
basse pour s'accommoder avec sa conservation. C'est
sous cette forme de roche que l'eau se trouve dans les
zones supérieures de l'atmosphère à cause du froid qui
ne cesse d'y régner toute l'année. Elle se réunit par amas
considérables sur tous les sommets qui s'élèvent assez
haut pour plonger dans cet empire aérien de l'hiver. Ce
sont ces amas qui, connus sous le nom de champs de
neige et de glaciers, donnent aux montagnes de premier
ordre cette physionomie si remarquable qui les caractérise. Dans nos pays, c'est-à-dire vers 45 degrés de lati-

tude, la région des neiges éternelles commence à une hauteur d'environ 3,000 mètres au-dessus du niveau de la mer ; mais sous l'équateur, la chaleur de la terre et de l'atmosphère étant plus forte, elle ne commence qu'à une hauteur d'environ 5,000 mètres. Les parties élevées de l'atmosphère laissent aussi choir, dans certaines circonstances, sur les parties inférieures, de l'eau solide sous forme de neige ou sous forme de grêle.

C'est à l'état liquide que l'eau joue son principal rôle sur la terre. Elle est dans un perpétuel mouvement. Si elle est sur une pente, la gravité l'entraîne et elle coule; voilà les torrents et les fleuves. Si elle est dans un bassin fermé, comme une mer ou un lac, elle s'agite sous l'influence du vent; et voilà les vagues et souvent même les courants. Enfin une autre cause, plus puissante encore que la pesanteur et que les impulsions de l'air, contribue énergiquement à son activité; cette cause, c'est la chaleur. L'eau s'évaporant à toute température, les vapeurs invisibles qui se dégagent de sa surface montent dans l'atmosphère, et s'y répandent dans les interstices des molécules de l'air comme dans une éponge gazeuse qu'un autre gaz imbiberait. La quantité de vapeur qui peut être ainsi tenue en suspension est proportionnelle à la température; car si la température s'élève, l'air se dilate, et les vides compris entre ses molécules augmentent; si, au contraire, la température s'abaisse, l'air se contracte, ses molécules se rapprochent, et la vapeur d'eau, qui s'était glissée entre elles, est obligée de déloger en partie.

Ce phénomène si simple devient l'origine des nuages, des pluies, des fleuves et d'une multitude d'autres effets plus ou moins compliqués qui se produisent à la surface de la terre par l'activité incessante de l'eau. On peut comparer l'ensemble du système géographique de l'eau et de la terre à une sorte d'alambic, où la distillation roulerait éternellement sur elle-même, l'eau vaporisée étant sans cesse ramenée dans la chaudière pour s'y vaporiser de nouveau. Voici en effet ce qui a lieu. L'eau se réduit en vapeur partout où elle se trouve, surtout à la surface de l'Océan, sous l'équateur, et s'élève, en même temps que les masses d'air échauffé où elle est engagée, dans les parties supérieures de l'atmosphère; là, le froid la saisit, lui fait quitter son état de vapeur et la convertit, soit en eau qui retombe en gouttelettes sur la terre, soit en neige qui s'accumule sur les montagnes. Ainsi donc, grâce à ce merveilleux mécanisme, voici l'eau transportée hors du bassin où elle était contenue naturellement jusque dans le milieu des continents. La pesanteur la met aussitôt en mouvement; et, en vertu de sa mobilité, elle va glisser le long de toutes les pentes. même des pentes les plus insensibles, et regagner, s'il est possible, les grands creux océaniques où elle séjournait en premier lieu. Après les molécules de l'air, sans cesse agitées par les vents, les molécules de l'eau sont les plus voyageuses de toutes celles du règne minéral de notre globe; leur mouvement est éternel, elles prennent leur vol, s'abattent sur les montagnes, puis redescendent dans la profondeur, d'où elles remontent de nouveau. C'est cette rotation sans fin qui est si bien peinte dans ces paroles du philosophe hébreu : « Les fleuves entrent dans la mer, et la mer ne déborde point; ils retournent aux lieux dont ils sortent, et ils coulent encore. »

Si la surface de la terre était entièrement imperméable

à l'eau, les courants de ce liquide, qui tous doivent leur origine aux vapeurs atmosphériques, seraient beaucoup moins réguliers qu'ils ne le sont ; ils ressembleraient aux torrents, qui se gonflent dès qu'il pleut, pour se dessécher entièrement dès qu'il a cessé de pleuvoir ; ceux qui proviennent des glaciers, des lacs ou des grands marécages, auraient seuls un peu plus de continuité ; parce que l'afflux des eaux dans leur lit, réglé par l'écoulement d'un vaste réservoir, n'est pas essentiellement dépendant des caprices journaliers de l'atmosphère. L'hydrographie ne jouirait donc pas de cette belle uniformité, qui est si utile aux intérêts du genre humain. Mais la surface de la terre n'est pas tellement compacte que l'eau ne puisse pénétrer dans l'intérieur par une multitude de fissures et d'interstices. A la vérité, l'eau ne filtre guère à travers l'épaisseur de la terre végétale, chacun a pu maintes fois s'en assurer après les plus fortes pluies, qui ne mouillent jamais le sol qu'à une très-faible profondeur ; mais les torrents que la pluie détermine rencontrent sur leur passage, surtout dans les montagnes, de nombreuses crevasses dans lesquelles leurs eaux se précipitent. Au lieu de continuer leur cours, comme les ruisseaux et les fleuves qui serpentent superficiellement à travers les vallées qui les mènent à la mer, quelquefois en les faisant passer de lac en lac, ces eaux d'en bas continuent leur cours souterrainement par une multitude de canaux, tantôt isolés, tantôt s'entre-croisant, tantôt se réunissant dans de grandes cavités pareilles à des lacs.

Il faut donc se représenter qu'il y a sur la terre beaucoup plus de cours d'eau que la surface ne nous en offre : on estime qu'il ne s'écoule guère à ciel ouvert qu'un tiers

des eaux qui tombent de l'atmosphère ; le reste ou s'éva-
pore, ou prend sa route par les canaux souterrains. Ces
canaux sont probablement plus compliqués et coupés
par bien plus d'accidents que les canaux superficiels qui
forment le lit des ruisseaux et des rivières; mais nos
études de géographie souterraine sont si peu avancées
qu'ils sont à peine connus. On sait cependant qu'il y en a
à diverses hauteurs, échelonnés par étages, et sans communication les uns avec les autres. Il y en a qui sont
très-abondants et doués d'un courant rapide ; d'autres,
au contraire, qui sont très-restreints et presque stagnants.
Le plus souvent ces eaux, emprisonnées de toutes parts
dans le conduit où elles se meuvent, découlant de pays
élevés et pressées par le poids du liquide supérieur,
tendent à regagner le niveau de leur point de départ, et
en sont empêchées par l'obstacle du terrain épais qui les
recouvre. Si donc une percée se présente qui mette en
communication le conduit souterrain avec la surface de
la terre, les eaux, obéissant à la pression qui les pousse,
remonteront par cette percée et viendront jaillir à la
surface. C'est exactement le même phénomène que celui
que nous voyons chaque jour se produire dans les tuyaux
cachés sous le sol qui alimentent nos jets d'eau et nos
fontaines.

Quand il existe en effet une communication naturelle
entre un de ces ruisseaux souterrains et la campagne,
ou, ce qui revient au même, quand le canal, après s'être
enfoncé, se relève pour aboutir de nouveau sous le ciel,
il se produit par l'ouverture un écoulement d'eau continuel qui est ce que l'on nomme une source. Ces sources
sont plus ou moins régulières, suivant que le système
d'eau souterrain dont elles dérivent est plus ou moins

considérable. Il y en a qui cessent de couler pendant
l'été, de même qu'il y a des ruisseaux qui se dessèchent
à cette époque. Il y en a qui ne jaillissent que quelque
temps après les grandes pluies, de même qu'il y a des
torrents qui ne se remplissent que dans ces occasions.
Enfin, le volume des eaux fourni par les sources dépend
entièrement, soit de la force de la rivière souterraine
qui les entretient, soit des dimensions du canal d'alimentation qui communique avec cette rivière. Quelquefois ce
volume est tel que les eaux, dès leur sortie, peuvent
porter bateau, faire manœuvrer des usines, etc.; d'autres fois il se réduit à un suintement à peine sensible.
Les rivières souterraines pouvant remonter à la surface,
non-seulement dans les lieux où cette surface est à sec,
mais également dans ceux où elle est couverte par les
eaux de la mer, il en résulte qu'il peut y avoir des sources d'eau douce dans l'Océan aussi bien que sur la terre
ferme. C'est en effet ce qui a lieu : on en connaît plusieurs exemples, et, dans la mer des Indes, à quarante
lieues de distance de la côte, il existe une source qui est
assez puissante pour entretenir une masse étendue d'eau
douce au milieu des eaux salées dans lesquelles elle
jaillit.

Quand il n'y a pas de percée naturelle qui joigne le
cours d'eau souterrain avec la campagne, on peut, à
l'aide d'une sonde, en pratiquer une qui produise le
même effet. Cette industrie, connue depuis longtemps
dans certains pays, notamment à la Chine et dans nos
provinces septentrionales, où elle est d'usage immémorial, a pris dans ces dernières années beaucoup d'extension. Les fontaines artificielles ainsi produites sont ce
que l'on nomme les puits artésiens. Tantôt leurs eaux

jaillissent à la manière des jets d'eau, tantôt au contraire, elles demeurent stationnaires à une certaine distance au-dessous du sol. Ces circonstances dépendent de la hauteur du niveau primitif duquel les eaux sont descendues et de la force d'impulsion qu'elles conservent. Il est évident que l'on ne saurait attendre quelque succès d'un trou de sonde foré à la recherche des eaux que dans les lieux où il y a quelque apparence que l'on a au-dessous de soi des courants d'eau souterrains. Les connaissances géologiques sont un guide précieux dans ces importantes recherches, qui tendent à changer le jeu des eaux établi sur notre globe, et à forcer la nature à céder à l'homme la libre propriété de toutes les forces hydrauliques qu'elle entretient.

Les observations faites sur les sources, et celles, plus précieuses encore, faites directement sur les courants souterrains, à l'aide des sondages, ont déjà conduit à quelques données générales sur la distribution intérieure des eaux ; mais il reste encore beaucoup à faire à cet égard. Dans les pays où la croûte du globe est formée de couches minérales distinctes, étendues les unes au-dessus des autres, les eaux se frayent ordinairement leur passage suivant une certaine couche plus fissurée ou plus perméable que les autres, et comprise entre deux couches compactes et sans percées. Souvent il y a plusieurs couches aquifères, étagées les unes sur les autres, et séparées par des intervalles arides plus ou moins considérables. On peut, à l'aide de la sonde, passer successivement de l'une à l'autre, jusqu'à ce qu'enfin l'on en trouve une dans les conditions convenables pour faire jaillir l'eau jusqu'au-dessus du sol.

Dans les pays où les couches sont horizontales, les

sources sortant de la même couche sont placées partout à la même hauteur sur la pente des collines, aux endroits où la couche aquifère est entaillée par la vallée. Il peut cependant y avoir plusieurs niveaux différents pour les sources dans le cas où la masse du terrain renferme plusieurs couches aquifères ; il peut y avoir aussi des sources qui, se faisant jour par des crevasses à travers les couches arides, viennent jaillir à la surface en dehors du niveau commun. Mais, en général, dans un même canton, on peut remarquer que toutes les sources viennent d'une seule nappe, percée irrégulièrement d'un certain nombre d'orifices. Ce qui a lieu pour les sources a également lieu pour les puits.

Dans les pays où les couches sont inclinées, on ne trouve guère de fontaines sur le versant des collines où les couches montrent leur tranche ; elles sont toutes situées au contraire sur le versant, qui est incliné dans le même sens que les couches. Cela se conçoit aisément, puisque les eaux, ayant leur cours dans l'intérieur d'une certaine couche, ne peuvent sortir là où cette couche est le plus élevée, mais se précipitent au contraire vers sa partie inférieure.

Enfin, dans les pays où le terrain n'est point disposé par couches, comme les pays de granit ou de porphyre, les eaux ne suivent aucune direction déterminée ; elles prennent leur cours à travers les fissures dont ces roches sont ordinairement remplies, et leurs sources sont disséminées de tous côtés, et sans aucune régularité. En général, dans les pays de cette espèce, les sources sont plus nombreuses que dans les autres, mais elles sont aussi beaucoup moins abondantes. On ne rencontre guère de véritables rivières souterraines que dans les pays à couches de calcaire; ailleurs, l'intérieur de la terre ne renferme guère que de minces ruisseaux.

De ce mouvement des eaux suivant des canaux situés dans les profondeurs, il résulte deux faits également importants, c'est que les eaux, durant ce trajet souterrain, prennent la température des massifs qu'elles traversent et y ramassent en même temps, pour se les incorporer, toutes les substances solubles qu'elles y rencontrent. Les eaux qui reparaissent à la surface, après être descendues dans l'intérieur de la terre, sont donc sujettes à une double modification, portant sur leur état de pureté et sur leur température. Nous allons nous occuper d'abord de ce qui regarde la température; nous parlerons ensuite plus particulièrement de ce qui regarde les matières dissoutes.

Imaginons qu'un fleuve, le Rhône, par exemple, après avoir coulé vers le midi et chauffé ses eaux sous des rayons plus ardents, se recourbant tout à coup sur lui-même, revienne directement vers le nord; son courant regagnerait la zone septentrionale avec une température bien supérieure à celle qui règne habituellement sous ces latitudes, et cet excès de chaleur dépendrait à la fois de deux causes : de la quantité dont le fleuve se serait avancé vers le midi, et de la rapidité avec laquelle il en serait revenu. Ce que nous venons d'imaginer pour un cours d'eau superficiel est précisément ce qui existe pour certains cours d'eau souterrains. Il en résulte le singulier phénomène des eaux thermales : voici en quelques mots son explication.

A partir de chaque point de la terre, on rencontre une chaleur croissante, non-seulement lorsque l'on marche vers l'équateur, mais encore lorsqu'on s'enfonce dans

l'intérieur du globe. Des deux progressions thermomé-
triques, cette dernière est sans comparaison la plus
rapide. Tandis qu'à la surface pour trouver une augmentation de : 1° dans la température, il faut souvent traverser tout un pays considérable, dans la profondeur; il suffit de descendre de 20 à 30 mètres pour observer ce
même changement. A 300 mètres au-dessous du sol que
nous foulons, la température est déjà la même que celle
qui appartient aux contrées de l'équateur ; plus bas, la
température devient celle de l'eau bouillante ; et, plus
bas encore, si l'on pouvait y arriver, on la trouverait sans
doute égale à celle du fer fondu. Cela posé, qu'un cours
d'eau souterrain, entraîné par les inflexions du canal
dans lequel il se meut, descende donc jusque dans ces
profondeurs, il y prendra la température qui leur appartient, et, quand remontant enfin vers la surface il
viendra jaillir sous le soleil, rien n'empêchera, à moins
que son ascension n'ait été ralentie par de trop nombreux
circuits, qu'il ne conserve encore en haut une partie de
la chaleur qu'il avait prise en bas. Il y a donc des fontaines d'eau chaude, et leur origine n'est pas essentiellement différente de celle de toutes les autres.

C'est surtout dans les terrains granitiques que ces
sources se montrent, probablement parce que les fissures qui traversent ces terrains sont beaucoup plus irrégulières que celles qui sont dans les terrains stratifiés ;
ces fissures montent, descendent, se ramifient dans
toutes les directions, sans que rien les règle, tandis que
dans les terrains stratifiés, elles sont presque toujours
soumises à la même uniformité que les couches. On rencontre fréquemment ces sources dans le voisinage des
pays volcaniques et des montagnes, parce que ces en-

droits sont ceux où la croûte du globe a éprouvé le plus
de dislocations, et doit présenter par conséquent les plus
profondes fissures. Par la même raison, les sources thermales sont sujettes à éprouver de grandes altérations
par suite des tremblements de terre. Après ces commotions intérieures, on voit tantôt leur limpidité se trou-
bler, tantôt leur température changer, tantôt l'affluence
de leurs eaux diminuer, s'interrompre ou même cesser
entièrement. Dans diverses circonstances, et notamment dans les temps de grandes pluies et dans ceux de
grandes sécheresses, durant lesquels elles se gonflent
ou, au contraire, se tarissent, leur connexion avec les
phénomènes superficiels n'est pas moins évidente que
leur connexion avec les phénomènes souterrains; et cela
doit être en effet, si leur origine n'est souterraine qu'en
apparence.

L'intérieur de la terre, même à une très-petite profondeur, cessant d'éprouver aucune variation causée par
l'alternative des saisons, et conservant fixement la température qui est spécialement affectée à chacun de ses
niveaux, il en résulte que les eaux de sources, bien différentes sous ce rapport des eaux superficielles, offrent
pendant toute l'année un degré de chaleur à peu près
constant. Nous venons de dire que celles qui remontent
d'une grande profondeur sont douées en général d'une
température beaucoup plus élevée que celle de la surface : la source de Vic, dans le Cantal, est bouillante, les
fameux Geysers d'Islande ont à peu près la même chaleur, et l'on cite enfin la source du Caldos, qui en a une
près d'une fois et demie plus considérable; les sources
qui proviennent d'un courant souterrain voisin de la surface, ont au contraire un degré de chaleur peu élevé;

elles conservent pendant toute l'année une température
égale, ou du moins à très-peu près égale à la moyenne
de toutes les températures qui se succèdent dans les
diverses saisons. Cet équilibre entre l'hiver et l'été est le
propre de la région peu profonde de laquelle sortent ces
eaux. Il arrive que les eaux vives, ou celles des puits un
peu profonds, nous paraissent tièdes pendant l'hiver, et
glacées au contraire pendant l'été. Mais si au lieu de
comparer leur température aux impressions variables
que nous cause l'atmosphère, nous en prenions la mesure absolue, nous reconnaîtrions que cette température ne change pas de toute l'année, et demeure, hiver
comme été, à peu près égale à celle du commencement
du printemps.

DES SUBSTANCES TENUES EN DISSOLUTION DANS LES EAUX

L'eau parfaitement pure est rare à la surface de la
terre. Pour s'en procurer il faut distiller avec beaucoup
de précaution de l'eau ordinaire, et encore tous les chimistes ne sont-ils pas d'accord sur la pureté absolue de
l'eau distillée. La plus pure serait peut-être celle que l'on
préparerait de toutes pièces, en combinant directement
de l'hydrogène avec de l'oxygène. L'eau de pluie et l'eau
de neige contiennent toujours, en proportions à la vérité presque insensibles, de l'air et quelques autres substances qu'elles ont prises sur leur passage en tombant
à travers l'atmosphère. Néanmoins, on peut considérer
cette espèce d'eau comme presque pure, surtout si elle

a été recueillie lorsque l'atmosphère était déjà balayée par une ondée antérieure.

Mais à peine cette eau de pluie ou de neige fondue a-t-elle coulé un instant à la surface de la terre, que déjà sa pureté est perdue. Elle entraîne avec elle de la poussière, et devient trouble; elle rencontre au milieu de cette poussière une foule de substances minérales, et plutôt encore végétales et animales, qu'elle dissout, et qui ne la quittent plus même lorsqu'elle devient stagnante et dépose le limon dont elle s'était chargée. Aussi que l'on examine l'eau des mares ou des puits peu profonds et pratiqués dans la terre meuble, et l'on sera repoussé par son impureté. Ce n'est cependant que l'eau pluviale qui a couru quelques instants sur le sol ou qui s'y est infiltrée; mais elle a lessivé ce sol, et elle demeure souillée par tant de débris de corps organisés, que sa transparence devient louche, son goût sensible, et son odeur nauséabonde; abandonnée à elle-même au contact de l'air, elle ne tarde pas à entrer en putréfaction par suite de la décomposition des matières qu'elle contenait, à se couvrir de végétations, et à donner naissance à des gaz fétides et malsains.

Les eaux qui, au lieu de courir sur les boues dont nous jetons continuellement les éléments à la surface de la terre, prennent après leur chute les voies souterraines qui les font circuler dans l'intérieur du globe, ne conservent pas davantage par là leur pureté primitive. Tous les minéraux solubles qu'elles rencontrent dans les terrains qu'elles traversent se joignent à elles, et les altèrent avec plus ou moins d'énergie. L'abondance des matières dont elles se chargent augmente surtout lorsque les conduits souterrains les font descendre à de grandes profondeurs. Alors en effet, leur température devient souvent excessive, et leur donne une puissance dissolvante toute nouvelle ; placées en contact avec une nature minérale, qui offre probablement les plus grands rapports avec celle dont les produits jaillissent directement par les orifices volcaniques, elles en ressentent l'influence, et lorsqu'elles reviennent au jour après avoir traversé ces ardentes profondeurs, elles se présentent à nous tellement modifiées, que nous avons peine à reconnaître en elles le liquide insipide tombé la veille des nuages. Non-seulement, comme nous l'avons déjà dit, leur température est élevée, mais leur composition est entièrement changée. La plupart jouissent de propriétés médicinales très-prononcées, et l'on dirait que la terre ne nous a dérobé un instant un bien qui nous appartenait, que pour nous le rendre enrichi de propriétés bien plus précieuses que celles qu'il avait apportées en s'abattant sur nos campagnes.

Lors même que les courants souterrains ne se meuvent que dans les couches situées à peu de profondeur, ils trouvent toujours cependant quelques sels ou quelques terres à dissoudre. L'eau des fontaines, qui nous semble si pure lorsque nous la mettons en regard de celle qui a coulé à la surface du sol, ne l'est donc véritablement que par comparaison ; la plupart du temps elle contient une assez grande quantité de sels terreux, qui, lorsqu'ils sont abondants, forment, sur le lieu même de la source, des dépôts plus ou moins épais, connus sous le nom de tufs ; lorsque ces sels sont en petite quantité, ils trahissent cependant leur présence en formant des encroûtements dans les vases où l'eau a séjourné ou bouilli, en formant un précipité de flocons blanchâtres par l'action du savon, et enfin en donnant à l'eau une certaine crudité qui la rend impropre à la cuisson des légumes. Les terrains de granit et ceux de grès sont à peu près les seuls où l'on trouve quelquefois des eaux qui, n'ayant été en contact qu'avec des minéraux tout à fait insolubles, sont demeurées, malgré leurs circuits souterrains, presque entièrement pures. Dans les pays calcaires on ne voit guère de sources qui ne contiennent au moins une certaine proportion de carbonate de chaux et de magnésie ou d'oxyde de fer, tenus en dissolution à l'aide d'un peu d'acide carbonique dont l'eau se charge infailliblement toutes les fois qu'elle pénètre dans l'intérieur de la terre.

L'eau de rivière tient le milieu entre l'eau de mare et l'eau de source. Comme l'eau de mare, elle renferme une certaine quantité de matières végéto-animales qu'elle a ramassées à la surface, surtout dans l'intérieur des villes ; mais elle en contient beaucoup moins, attendu que les mares sont un lieu de réunion pour ces matières qui ne cessent de s'y concentrer par suite de l'évaporation de l'eau qui les y a conduites, tandis que les rivières les emportent au contraire dès qu'elles arrivent, et ne font pas de leurs anciennes eaux une cause permanente de corruption pour les nouvelles. Enfin l'eau des rivières provenant aussi en partie des eaux de sources qui s'y rendent, conserve une partie des sels solubles qui ont été pris dans l'intérieur de la terre. Mais cette eau en contient moins que l'eau de source, parce qu'une partie de ces sels minéraux se dépose, et que le reste se trouve mélangé avec l'eau de pluie que le lit de la rivière renferme également. La densité de l'eau de Seine est intermédiaire entre celle de l'eau de pluie et celle de l'eau des sources qui jaillissent dans le bassin de Paris. 1,000 hectolitres d'eau d'Arcueil pèsent 46 kilogrammes de plus que le même volume d'eau pure, tandis que 1,000 hectolitres d'eau de Seine n'offrent sur l'eau pure qu'un excédant de poids de 15 kilogrammes. Dans ces deux espèces d'eau, la proportion des matières étrangères n'est au plus que de quelques dix-millièmes.

Dans tous les cas rien n'est plus facile que de faire un essai comparatif de diverses sortes d'eau, sous le rapport de la quantité de matières étrangères non volatiles qu'elles contiennent. Il suffit de prendre une lame de verre bien propre et d'y déposer avec ordre une goutte à peu près de même volume de chaque sorte d'eau ; en mettant la lame de verre près du feu, toutes ces gouttes d'eau s'évaporent, et laissent chacune un résidu dont on peut très-suffisamment apprécier à vue d'œil la proportion relative, en se contentant de considérer l'épaisseur de la trace qu'il forme. On est souvent étonné de voir des eaux que l'on était habitué à regarder comme tout à fait pures, déceler leur vraie nature par cette épreuve qui est d'une simplicité extrême, et qui, dans certaines circonstances peut être d'une véritable utilité.

Les substances que l'on trouve en dissolution dans les eaux sont très-variées ; les principales sont les suivantes.

Les deux gaz de l'air, l'acide carbonique, l'acide sulfureux et l'acide sulfurique, l'acide nitrique, l'acide hydrosulfurique (composé de soufre et d'hydrogène), l'acide hydrochlorique (composé de chlore et d'hydrogène), l'acide borique, l'acide hydriodique (composé d'un corps simple nommé iode et d'hydrogène) ; les sels résultant de la combinaison de ces acides avec diverses autres substances, telles que la potasse, la soude, la chaux, la magnésie, l'ammoniaque, l'alumine, les oxydes de fer, de cuivre, de manganèse ; la silice, la soude à l'état libre, le soufre et l'iode : enfin encore, quelques autres substances qui sont fort rares, et notamment une substance végéto-animale qui se trouve dans les eaux chaudes de Baréges, et qu'on a nommée barégine.

L'eau minérale la plus abondante est l'eau de mer ; elle forme la masse principale des eaux à la surface de notre planète. Il y a dans l'intérieur des continents des sources salées, dont les eaux offrent beaucoup d'analogie avec l'eau de mer ; cette salure provient de ce que les eaux ont filtré à travers des amas de sel renfermés dans le sein de la terre. La salure de l'eau de mer tient peut-être à ce que ses eaux reposaient sur de pareils amas qu'ils ont dissous, ou peut-être à ce que les sels solubles qui se trouvaient appartenir à la partie solide de notre globe, sont demeurés depuis l'origine unis avec les eaux. Quel qu'ait été le gisement primitif de ces sels, ils sont aujourd'hui en très-forte proportion dans la mer ; et si l'on fait attention que les fleuves y apportent continuellement des eaux plus ou moins salées, et qu'il n'en sort par l'évaporation que des eaux pures, on se convaincra que la salure de l'Océan doit aller continuellement et augmentant, d'une manière infiniment lente toutefois Cet effet doit être plus sensible dans les lacs fermés d peu d'étendue ; en effet beaucoup d'entre eux sont plu salés que l'Océan.

La salure de l'eau de mer est à peu près constante ; elle varie cependant un peu dans les diverses parties de l'Océan, suivant la proportion des eaux douces qui y sont versées, soit par les fleuves, soit par les glaces polaires durant leur fonte. Les sels y entrent en général pour environ 4 pour 100 de son poids. 1,000 parties d'eau de mer en contiennent 26 de chlorure de sodium, 5 de chlorure de magnésium, 1 de chlorure de calcium, 5 de sulfate de soude ; il s'y trouve en outre une petite quantité de carbonate de chaux.

Entre tous ces sels, c'est le chlorure de sodium qui, à cause de son abondance dans ces eaux, a reçu le nom de sel marin par excellence. Tout le monde connaît les immenses services qu'il nous rend dans l'économie domestique, dans l'industrie et dans l'agriculture ; mais combien peu de personnes savent que ces petits cristaux blancs et translucides, dont elles font un si fréquent usage, sont le résultat de la combinaison d'un gaz jaune et odorant, que l'on nomme le chlore, avec un métal blanc, brillant, malléable comme la cire, qui est le sodium.

Les eaux chargées de carbonate de chaux jouent, sous le rapport de la géographie physique, un très-grand rôle sur la terre à cause des dépôts considérables qu'elles y forment. Il y en a quelques-unes, particulièrement en Italie, qui engendrent de la pierre avec une rapidité surprenante. On bâtit avec des roches qui se sont formées depuis le temps des Romains, et l'on trouve, sous des bancs calcaires solides et épais, des monnaies et des débris antiques qui y sont renfermés de la même manière que les coquillages et les fossiles des anciens âges que nous ramassons aujourd'hui dans nos carrières. Ces sources nous donnent parfaitement l'idée des phénomènes qui ont produit dans les mers anciennes les couches calcaires qui sont maintenant à sec, et constituent le sol des continents.

Toutes les eaux qui contiennent des matières étrangères en quantité suffisante, l'eau de mer et l'eau calcaire comme toutes les autres, produisent dans l'économie animale une excitation qui est efficace pour la guérison de la plupart des affections chroniques. Suivant leur qualité, elles conviennent plus particulièrement à tel ou tel ordre de maladies ; néanmoins elles ont toutes de grands rapports, et paraissent constamment agir par le développement de forces révulsives analogues. On les partage en général, sous le rapport thérapeutique, en sept classes, d'après le principe le plus énergique qui domine dans leur composition. La température n'est considérée que comme secondaire et peut varier dans les sources d'une même classe : les eaux sont donc froides, tempérées ou thermales.

1° Les eaux salines sont celles qui renferment divers sels, et point de gaz : telles sont les eaux de Bourbonne-les-Bains, contenant des chlorures de sodium et de calcium, et du sulfate de chaux.

2° Les eaux gazeuses non acides renferment une certaine quantité de gaz, comme l'azote et l'oxygène, soit séparés, soit unis dans des proportions différentes de celles de l'atmosphère. On peut citer les eaux de Luxeuil et celles de Bagnères-de-Bigorre.

3° Les eaux acides et acidules : les premières doivent leur acidité, soit à l'acide borique, soit aux acides sulfureux, sulfurique, nitrique, hydrochlorique, et se trouvent en général dans les environs des volcans. Il y en a auprès du Vésuve, de l'Etna, dans les Andes, etc. Les eaux acidules doivent leur saveur, qui est plutôt aigrelette qu'acide, au gaz acide carbonique qui s'en dégage, en les faisant mousser quand on les expose à l'air : telles sont les eaux de Seltz, si connues de tout le monde ; celles de Pougues, dans le département de la Nièvre, etc.

4° Les eaux alcalines doivent leurs propriétés, soit à la soude, soit au carbonate de soude, soit à celui d'ammoniaque. On peut citer pour exemple les eaux de Chaudes-Aigues, dans le Cantal, et l'une des sources de Plombières.

5° Les eaux ferrugineuses se partagent en deux variétés, suivant qu'elles sont gazeuses ou qu'elles ne le sont pas. Dans les premières, qui sont les plus ordinaires, l'oxyde de fer est tenu en dissolution par l'acide carbonique, et se dépose en boue rougeâtre par l'exposition à l'air : telles sont les eaux de Bussang, de Forges, de Spa. Dans les secondes, le fer se trouve à l'état de sulfate ; on peut citer pour exemple de celles-ci, les eaux de Passy, près Paris.

6° Les eaux hydrosulfureuses ou hépatiques contiennent, soit de l'hydrogène sulfuré seulement, soit des hydrosulfates, soit enfin de l'hydrogène sulfuré et des hydrosulfates réunis. Les eaux de Bagnères-de-Luchon, de Baréges, de Bade, d'Aix-la-Chapelle, de Bourbon-l'Archambault en sont autant d'exemples. Il y en a de froides ; telles sont celles de Montmorency, et celles de Saint-Amand dans le département du Nord.

7° Enfin, la dernière classe est celle des eaux hydriodatées, qui doivent à la présence de l'iode des propriétés thérapeutiques particulières. On n'a commencé à les distinguer des autres que depuis un petit nombre d'années ; la plupart se trouvent en Italie.

Voilà le tableau des ressources immédiates que nous offre le globe, pour la guérison des maladies. La pharmacie emprunte au règne minéral bien d'autres médicaments; mais il faut les préparer artificiellement, tandis que les eaux minérales sont toutes prêtes. La nature n'a donc pas seulement pris soin de mettre à notre disposition ce dont nous avons besoin dans l'état de santé, elle y a joint ce qui peut contribuer à nous délivrer de nos infirmités; et ce n'est pas sans une certaine reconnaissance pour elle, que l'on doit voir les médecins, après avoir épuisé contre des affections rebelles tous les secrets de leur science, avoir recours en dernier ressort à la sienne. Presque toutes les sources médicinales sont devenues le centre d'établissements brillants et pleins de vie, qui, bien différents des hospices et des infirmeries des villes, présentent aux malades le plaisir en même temps que la santé.

Nous avons assez parlé de l'eau, et nous ne nous arrêterons pas à énumérer tous les services qu'elle rend journellement à l'homme; ils sont présents à l'esprit de chacun. L'eau est un des éléments indispensables à l'entretien de notre corps; elle est employée comme dissolvant dans presque toutes nos industries; comme productrice de force mécanique par ses chutes, par ses courants, par sa vapeur, elle est d'une immense utilité. Les rivières ne servent pas seulement à débarrasser les continents de toutes leurs immondices, elles servent, ce qui n'est pas moins précieux, à la navigation; ce sont, comme l'a dit Pascal, des routes qui marchent; les canaux et les voies navigables de toute espèce, le vaste Océan en tête de toutes les autres, sont le principe du commerce et de l'alliance générale des hommes. Enfin, les usages de l'eau sont innombrables, et ils se multiplient à mesure que l'intelligence humaine se développe et commande à cet agent de nouveaux rôles. Pline, injuste dans la comparaison qu'il établit entre la mobilité de l'eau et la fixité de la terre, et ne tenant compte que des cas exceptionnels tels que la grêle, les inondations, les tempêtes où cette mobilité devient funeste au genre humain, donne la préférence à la terre ; mais nous, mieux éclairés par la civilisation sur l'empire qu'il est donné à l'homme de prendre sur le fougueux Neptune, nous devons nous ranger à l'avis du sage Plutarque, et dire comme lui, que l'eau n'est pas moins nécessaire à l'homme que la terre, et le feu.

FIN

TABLE DES MATIÈRES

———

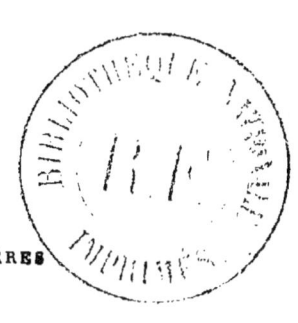

FIN DE LA TABLE DES MATIÈRES

TABLE ALPHABÉTIQUE

19

5562. — Imprimerie A. Lahure, rue de Fleurus, 9, à Paris.

9 dicembre /74